普通高等教育计算机类新形态一体化教材

计算机组成原理实验教程

陈 琦 边继东 魏君睿 编著

電子工業出版社

Publishing House of Electronics Industry

北京 · BEIJING

内 容 简 介

计算机组成原理是高等院校计算机及其相关专业的一门重要的专业基础课程。本书是计算机组成原理理论课程的配套实验教材，介绍了计算机组成原理涉及的各类实验及其技术内容。全书共4章：第1章为概论，介绍了TD-CMA实验系统、数字电路基础和指令系统；第2章为组成原理实验项目，第3章为综合性实验项目，介绍了总线数据传输控制实验、CPU与简单模型机设计实验、复杂模型机设计实验等，意在使学生由浅入深、循序渐进地掌握计算机系统的组成原理及设计方法；第4章为基于EDA平台的实验项目，目的是使学生更加深入地掌握计算机系统的设计方法。

本书可作为计算机及其相关专业的计算机组成原理实验课程的教材。

图书在版编目（CIP）数据

计算机组成原理实验教程 / 陈琦，边继东，魏君睿编著. —北京：电子工业出版社，2020.1（2025.2 重印）

ISBN 978-7-121-38110-2

Ⅰ. ①计… Ⅱ. ①陈… ②边… ③魏… Ⅲ. ①计算机组成原理－实验－高等学校－教材 Ⅳ. ①TP301-33

中国版本图书馆CIP数据核字（2019）第267559号

责任编辑：李　静　　　　特约编辑：田学清
印　　刷：北京捷迅佳彩印刷有限公司
装　　订：北京捷迅佳彩印刷有限公司
出版发行：电子工业出版社
　　　　　北京市海淀区万寿路173信箱　　邮编：100036
开　　本：787×1092　1/16　印张：10.75　　字数：227千字
版　　次：2020年1月第1版
印　　次：2025年2月第7次印刷
定　　价：35.80元

凡所购买电子工业出版社图书有缺损问题，请向购买书店调换。若书店售缺，请与本社发行部联系，联系及邮购电话：（010）88254888，88258888。

质量投诉请发邮件至zlts@phei.com.cn，盗版侵权举报请发邮件至dbqq@phei.com.cn。

本书咨询联系方式：（010）88254604，lijing@phei.com.cn。

前　言

计算机组成原理是高等院校计算机及其相关专业教学中的一门重要的专业基础课程，也是一门实践性很强的课程，其实验环节非常重要。本书作为计算机组成原理理论课程的配套实验教材，主要目的是使学生在理解计算机各模块功能的基础上，通过自己动手设计实验，进一步融会贯通理论教学内容，掌握计算机各功能模块的工作原理、运行机制，建立计算机系统的整体概念，培养学生独立分析问题和解决问题的能力。

全书共 4 章：第 1 章为概论，主要介绍了 TD-CMA 实验系统的硬件环境和软件开发环境、数字电路基础和指令系统。第 2 章为组成原理实验项目，主要内容是计算机组成原理课程设计的 7 个实验，该章首先设计了一个 TD-CMA 实验系统认识实验，目的是让学生熟悉该实验系统的布局、信号标记和基本操作方法；然后设计了 6 个计算机基本部件实验，结合对总线、存储器、运算器、控制器等基本部件的介绍，帮助学生理解、消化课堂内容。第 3 章为综合性实验项目，综合性实验是锻炼学生综合掌握计算机组成原理和提高实践能力的高层次实验。该章共设计了 5 个实验，针对不同的技术方向，学生可以根据自己的实际课时和兴趣选做，该章的目的是让学生通过实验进一步掌握计算机各个组成部件的工作原理，系统地掌握计算机中的各个部件是如何协调工作的。第 4 章为基于 EDA 平台的实验项目，首先介绍了与 EDA 平台相关的 Verilog HDL 语言基础知识和 Quartus II 的基本使用方法；然后设计了一个 EDA 实验平台认识实验，以便学生熟悉 EDA 平台的使用；最后提供了 5 个实验项目，目的是使学生更加深入地掌握计算机组成原理，培养学生的动手能力、工程意识和创新能力。另外，为了使学生更快地熟悉 TD-CMA 实验系统及 EDA 平台的使用，本书第 2 章、第 3 章和第 4 章分别录制了操作视频供初学者参考。

本书由陈琦、边继东、魏君睿编著。陈琦负责全书大纲的拟定、编写和统稿；边继东负责实验内容的设计和校对；魏君睿负责实验项目的调试、验证和操作视频的录制。本书的编写得到了西安唐都科教仪器开发有限责任公司的大力支持和帮助，在此表示由衷的感谢。本书从选题、撰稿到出版得到了浙江工业大学教务处的大力支持，并被浙江工业大学作为重点教材建设项目予以资助，在此也一并表示由衷的感谢。

为方便学生阅读，本书中引脚图、电路结构图、原理图、实验接线图采用正体字母，引脚图、原理图、实验接线图采用数字与字母平排方式，尽量与软件界面图的形式一致。

本书中实验接线图中部分变量（如 WR、CS）与正文描述不一致（加上画线），是由于采用了现实实验中硬件设备的变量标注形式，请注意。

限于编著者的水平，书中难免有疏漏和不妥之处，敬请读者批评指正。

编著者

2019 年 8 月

目　录

第1章 概论

1.1 TD-CMA 实验系统

1.1.1 TD-CMA 实验系统的功能及特点

学习计算机的基本组成原理、内部构成和运行机制，既要掌握正确的分析与设计方法，也要通过硬件实验环节来逐步掌握和提高相关能力。硬件实验和课程设计对硬件有很高的依赖性，必须有相应的实验平台。目前国内广泛应用的计算机组成原理实验平台主要有西安唐都科教仪器开发有限责任公司开发的 TD-CMA 计算机组成原理与系统结构教学实验系统、清华大学科教仪器厂开发的 TEC 实验系统、启东计算机厂有限公司开发的 DICE 实验箱等。尽管这几种实验平台各具特点，但其实验原理基本相同。

本书选用了由西安唐都科教仪器开发有限责任公司开发的TD-CMA计算机组成原理与系统结构教学实验系统（简称 TD-CMA 实验系统），该系统可使学生通过实验更有效地理解并掌握计算机组成原理，从而为学生进一步设计具有实用价值的计算机系统打下良好的基础，TD-CMA 实验系统的主要特点如下。

（1）TD-CMA 实验系统对实验设计具有完全的开放性，可增强学生的综合设计能力。TD-CMA 实验系统所有软件结构和硬件结构对用户的实验设计具有完全的开放性，其数据线、地址线、控制线都由用户来操作连接，系统中的运算器结构、控制器结构及微程序指令的格式和定义均可由用户根据教学需求来灵活改变或重新设计。这为用户自行设计各种结构及不同复杂程度的模型计算机提供了强大的软件和硬件操作实验平台，从而避免了单纯验证性的实验模式，可极大地提高学生对计算机系统的综合设计能力。

（2）TD-CMA 实验系统具有先进的实时动态图形调试方式，可用于多媒体辅助教学。

TD-CMA 实验系统具有与计算机联机实时调试的功能，提供了图形方式的调试界面，在调试过程中可动态实时地显示计算机各部件之间的数据传输，以及各部件和总线之间传输的所有信息。这种图形调试界面也可用于多媒体辅助教学。

（3）TD-CMA 实验系统电路的保护性设计保证了系统的安全性。TD-CMA 实验系统不仅采用了具有抗短路、抗过流性能的高性能稳压电源，还增加了总线竞争报警等多处保护性电路设计，来保证产品的安全性。

（4）TD-CMA 实验系统具有系统电路检测功能和实验电路查错功能。TD-CMA 实验系统提供了系统电路检测功能和实验电路查错功能，既可对系统电路进行维护性检测，也可对实验电路连线正确与否进行检查。

（5）TD-CMA 实验系统还可以选择配置 FPGA/CPLD 芯片，学生可以通过应用 EDA 技术对硬件电路单元进行设计编程。下载 FPGA/CPLD 芯片，通过连线来取代实验平台上的某个单元电路，这样可以锻炼学生掌握计算机组成原理并提高学生的设计能力。

1.1.2 TD-CMA 实验系统的硬件环境

1. TD-CMA 实验系统的硬件布局图

TD-CMA 实验系统的硬件布局图是按照计算机组成结构来设计的，如图 1-1 所示。图 1-1 中最上面一部分是 SYS 单元，此单元是非操作区，其余单元均为操作区，在 SYS 单元中有 FPGA 单元，逻辑测量单元位于 SYS 单元的左侧，时序与操作台单元位于 SYS 单元的右侧。所有构成 CPU 的单元位于中间区域的左边，并标注有“CPU”。CPU 通过系统总线（控制总线、数据总线和地址总线）对外表现，三个系统总线并排位于 CPU 右侧。与系统总线挂接的主存储器及外部设备都集中在系统总线的右侧。实验箱上对 CPU、系统总线、主存储器及外部设备分别有清晰的丝印标注，通过这三部分可以方便地构造各种不同复杂程度的计算机模型。

为了在 TD-CMA 实验系统独立运行时，对主存储器或微程序控制器（主存/控存）进行读/写操作，实验箱下方的 CON 单元中设置了一个开关组 SD07～SD00，专门用来给出主存/控存的地址。在进行部件实验时，有很多控制信号需要用二进制开关模拟给出，所以在实验箱的最下方设置了一个控制开关单元——CON 单元。

TD-CMA 实验系统单元电路介绍详见本书附录 A。

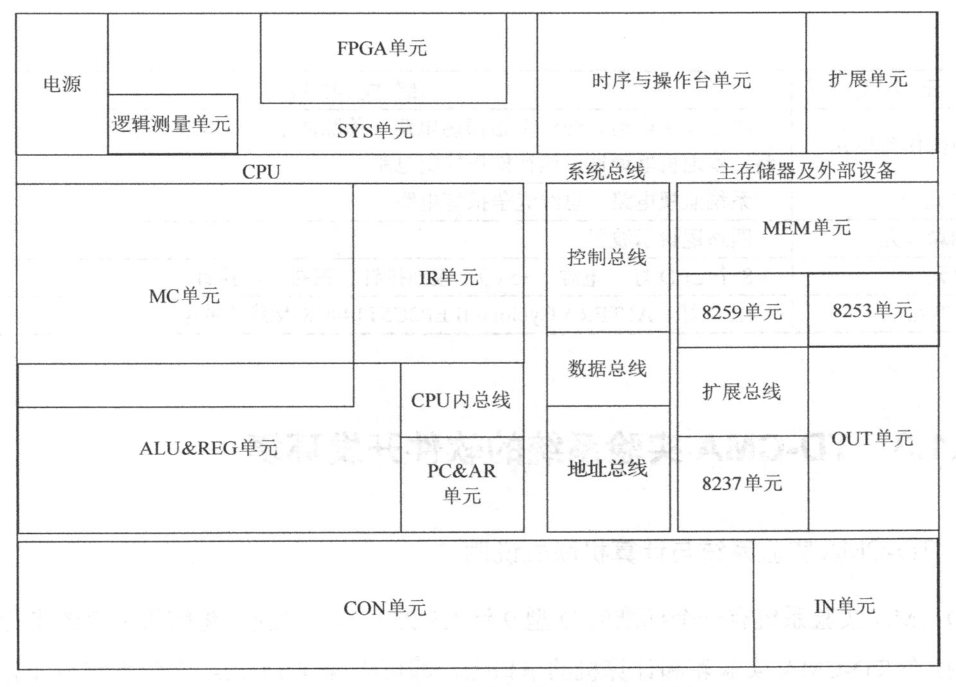

图 1-1　TD-CMA 实验系统的硬件布局图

2. TD-CMA 实验系统的硬件构成

TD-CMA 实验系统的硬件内容如表 1-1 所示。

表 1-1　TD-CMA 实验系统的硬件内容

单 元 名 称	组 成 内 容
MC 单元	微程序存储器、微命令寄存器、微地址寄存器、微命令译码器等
ALU® 单元	算术逻辑移位运算部件，A、B 显示灯，4 个通用寄存器
PC&AR 单元	程序计数器、地址寄存器
IR 单元	指令寄存器、指令译码电路 INS_DEC、寄存器译码电路 REG_DEC
CPU 内总线	CPU 内部数据排线座（五排 8 线排针）
控制总线	读/写译码电路、CPU 中断使能寄存器、外部中断请求指示灯 INTR、CPU 中断使能指示灯 EI
数据总线	LED 灯、数据排线座（五排 8 线排针）
地址总线	LED 灯、I/O 地址译码芯片 74LS139、数据排线座（两排 8 线排针）
扩展总线	LED 灯、扩展总线排线座
IN 单元	一组 8 位开关、LED 灯
OUT 单元	数码管、数码管显示译码电路
MEM 单元	SRAM 6116、编程电路
8259 单元	8259 芯片一片
8237 单元	8237 芯片一片
8253 单元	8253 芯片一片
CON 单元	3 组 8 位开关、CLR 总清按钮

续表

单元名称	组成内容
时序与操作台单元	时序发生电路、555 多谐振荡电路、单脉冲电路、本地主存/控存编程、校验电路、本地机器调试及运行操作控制电路
SYS 单元	系统监视电路、总线竞争报警电路
逻辑测量单元	四路逻辑示波器
扩展单元	8 个 LED 灯、电源（+5V）、接地排针、三排 8 线排针
FPGA 单元	LED 灯、ALTERA Cyclone II EP2C5T144C8 及其外围电路

1.1.3 TD-CMA 实验系统的软件开发环境

1. TD-CMA 实验系统与计算机联机说明

TD-CMA 实验系统有一个标准的 D 型 9 针 RS-232C 串口插座，将随机配套的串行通信电缆分别插在 TD-CMA 实验箱和计算机的串口上，即可实现 TD-CMA 实验系统与计算机联机操作。

TD-CMA 实验系统软件通过计算机串口向 TD-CMA 实验系统上的单片机控制单元发送指令，从而利用单片机直接对微程序存储器、微程序控制器进行读/写，并实现单步微程序、单步机器指令和程序连续运行等操作。

TD-CMA 实验系统与计算机联机采用的通信协议规定如下：57600 波特、8 位数据位、1 位停止位、无校验位，TD-CMA 实验系统与计算机的连接方式如图 1-2 所示。

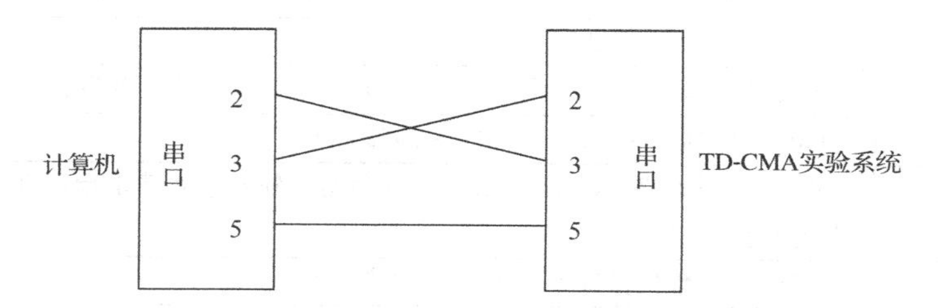

图 1-2　TD-CMA 实验系统与计算机的连接方式

TD-CMA 实验系统与计算机联机失败常见故障分析及处理方法如下。

（1）首先按复位键，检查单片机复位是否正确。

（2）检查串口是否接触良好，包括计算机的串口是否完好，通信电缆是否与计算机串口完全接触。

（3）在步骤（1）和步骤（2）均正常的情况下，请检查电源（+5V）输出的电压是否正常，若输出正常，请检查实验接线并查看线路板上有无散落的导线或元器件，防止短路。

（4）若以上步骤均正常，请更换 SYS 单元的 MAX232 芯片。

（5）若以上步骤均正常，请更换 SYS 单元的 89S51 芯片。

（6）若以上步骤均正常，请更换晶振。

2. 软件简介

TD-CMA 实验系统的软件主界面如图 1-3 所示，此界面由指令区、输出区和图形区三部分组成。

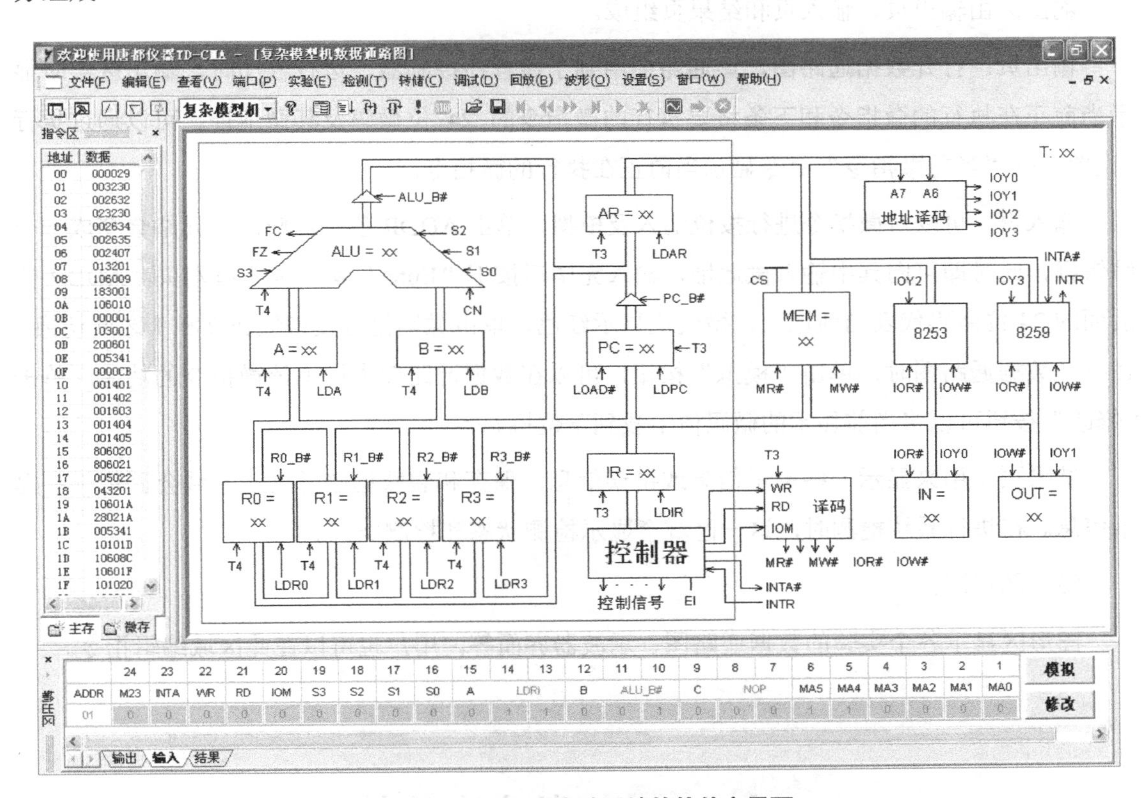

图 1-3 TD-CMA 实验系统的软件主界面

（1）指令区。

指令区分为机器指令区和微指令区，指令区下方有两个按钮，通过单击这两个按钮可以在机器指令区和微指令区之间进行切换。

机器指令区：分为两列，第一列为主存储器地址（00～FF，共 256 个单元），第二列为每个地址对应的数值。在串口通信正常且串口无其他操作的情况下，可以直接修改指定单元的内容，单击要修改的单元的数据后，单元格会变成一个编辑框，此时即可向其中输入数据，编辑框只接收两位合法的十六进制数，按下“Enter”键或单击其他区域，即可完成修改工作。按下“Esc”键可取消修改，编辑框会自动消失，并恢复原来的值，也可以通过上/下方向键移动编辑框。

微指令区：分为两列，第一列为微程序控制器地址（00～3F，共 64 个单元）；第二列为每个地址对应的微指令，共 6 个十六进制数（24 位）。修改微指令的操作和修改机器指令的操作一样，但微指令是 6 个十六进制数（24 位），而机器指令是 2 个十六进制数（8 位）。

（2）输出区。

输出区由输出页、输入页和结果页组成。

输出页：打开数据通路图，该通路中用到了微程序控制器，运行程序时，输出区实时显示当前正在执行的微指令和下条将要执行的微指令的 24 位微码及其微地址。可以通过执行“设置”→“当前微指令”命令显示当前正在执行的微指令。

输入页：可以对微指令进行按位输入及模拟，单击 ADDR 值，对应的单元格会变成一个编辑框，此时即可向其中输入微地址，输入完毕后按下“Enter”键，编辑框消失。ADDR 值后面的 24 位微码代表当前地址，微码值显示红色，单击微码值可使该值在 0 和 1 之间切换。在打开数据通路图时，单击“模拟”按钮，可以在数据通路图中模拟该微指令的功能，单击“修改”按钮可以将当前显示的微码值下载到下位机。

结果页：用来显示一些提示信息或错误信息，保存和装载程序时这一区域会显示一些提示信息。在进行系统检测时，这一区域会显示检测状态和检测结果。

（3）图形区。

图形区显示各个实验的数据通路图、示波器界面等，用户也可以在此区域编辑指令。

1.2 数字电路基础

1.2.1 基本逻辑门电路

1. “与”门

（1）“与”逻辑关系。

当一件事情的几个条件全部具备后，这件事情才会发生，只要其中一个条件不具备，这件事情就不会发生，这种逻辑关系称为“与”逻辑关系。

（2）“与”逻辑电路图如图1-4所示。

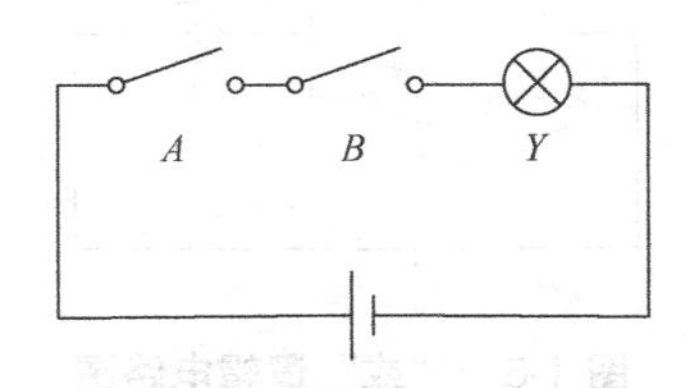

图1-4 “与”逻辑电路图

开关接通定义为“1”，开关断开定义为“0”；灯泡亮定义为“1”，灯泡灭定义为“0”。

（3）“与”逻辑真值表如表1-2所示。

表1-2 “与”逻辑真值表

输　入		输　出
A	*B*	*Y*
0	0	0
0	1	0
1	0	0
1	1	1

由表1-2可以得出，“与”逻辑功能为“有0出0，全1出1”。

（4）“与”逻辑表达式：$Y=A \cdot B$。

（5）“与”逻辑符号如图1-5所示。

（a）标准符号　（b）常见符号

图1-5 “与”逻辑符号

2. “或”门

（1）“或”逻辑关系。

在一件事情的几个条件中，只要有一个条件具备，这件事情就会发生，而只有所有条件都不具备，这件事情才不会发生，这种逻辑关系称为“或”逻辑关系。

备注：本书为方便读者阅读，电路原理图中的逻辑符号多使用常见符号。

（2）“或”逻辑电路图如图 1-6 所示。

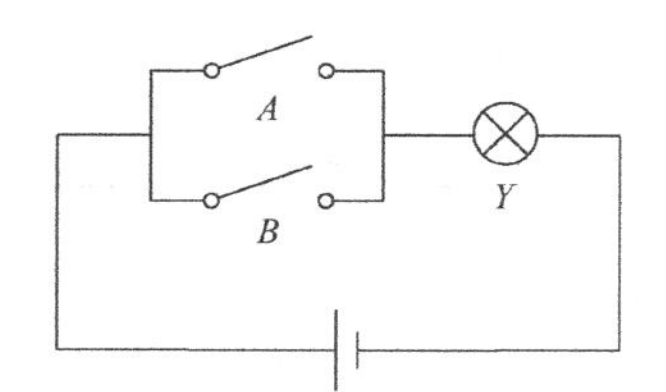

图 1-6 “或”逻辑电路图

（3）“或”逻辑真值表如表 1-3 所示。

表 1-3 “或”逻辑真值表

输入		输出
A	*B*	*Y*
0	0	0
0	1	1
1	0	1
1	1	1

由表 1-3 可以得出，“或”逻辑功能为“有 1 出 1，全 0 出 0”。

（4）“或”逻辑表达式：$Y = A + B$。

（5）“或”逻辑符号如图 1-7 所示。

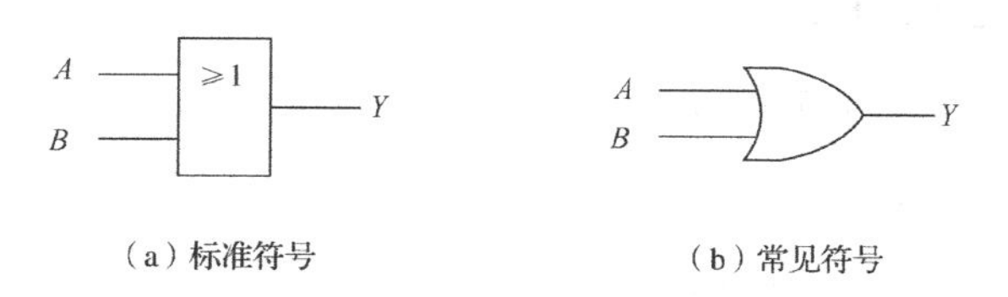

（a）标准符号　　（b）常见符号

图 1-7 “或”逻辑符号

3. “非”门

（1）“非”逻辑关系。

输出状态与输入状态相反，这种逻辑关系称为“非”逻辑关系。

（2）“非”逻辑电路图如图 1-8 所示。

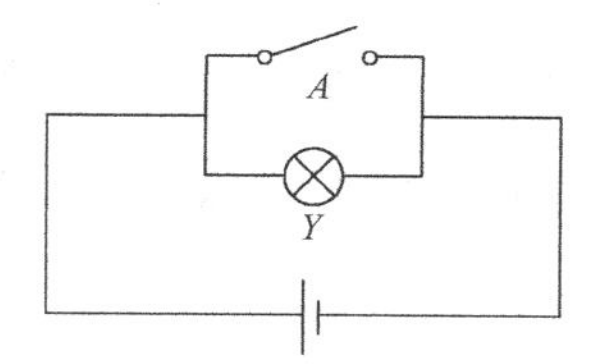

图 1-8 “非”逻辑电路图

(3)"非"逻辑真值表如表 1-4 所示。

表 1-4 "非"逻辑真值表

输 入	输 出
A	Y
0	1
1	0

由表 1-4 可以得出,"非"逻辑功能为"是 0 出 1,是 1 出 0"。

(4)"非"逻辑表达式:$Y=\overline{A}$。

(5)"非"逻辑符号如图 1-9 所示。

(a)标准符号 (b)常见符号

图 1-9 "非"逻辑符号

1.2.2 组合逻辑门电路

1. "与非"门

(1)"与非"逻辑符号如图 1-10 所示。

(a)标准符号 (b)常见符号

图 1-10 "与非"逻辑符号

(2)"与非"逻辑真值表如表 1-5 所示。

表 1-5 "与非"逻辑真值表

输 入		输 出
A	B	Y
0	0	1
0	1	1
1	0	1
1	1	0

（3）“与非”逻辑电路图如图 1-11 所示。

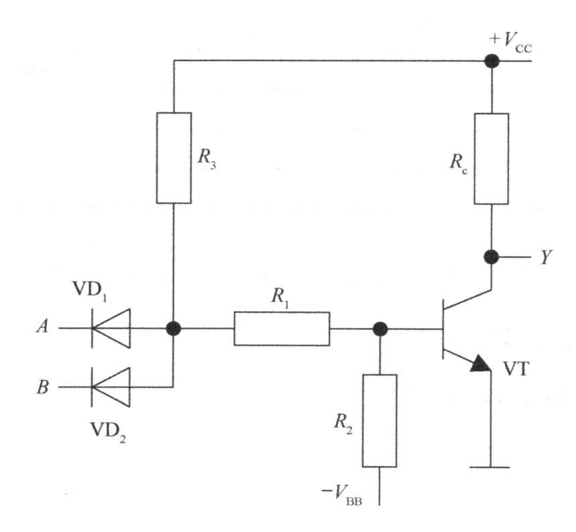

图 1-11　“与非”逻辑电路图

（4）“与非”逻辑表达式：$Y=\overline{A \cdot B}$。

2. “或非”门

（1）“或非”逻辑符号如图 1-12 所示。

图 1-12　“或非”逻辑符号

（2）“或非”逻辑真值表如表 1-6 所示。

表 1-6　“或非”逻辑真值表

输　入		输　出
A	B	Y
0	0	1
0	1	0
1	0	0
1	1	0

（3）“或非”逻辑电路图如图 1-13 所示。

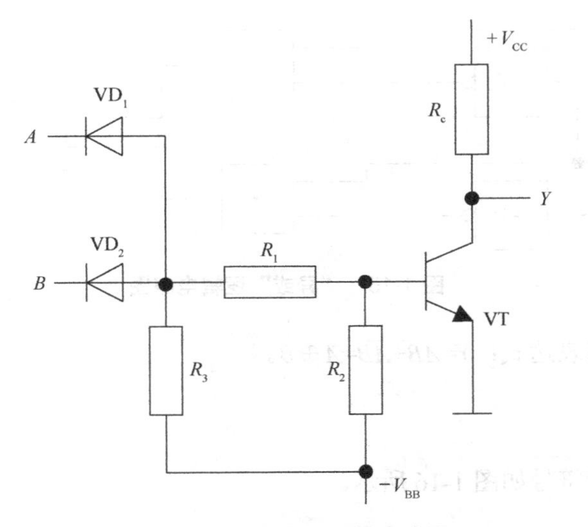

图 1-13 "或非"逻辑电路图

（4）"或非"逻辑表达式：$Y=\overline{A+B}$。

3. "异或"门

（1）"异或"逻辑符号如图 1-14 所示。

图 1-14 "异或"逻辑符号

（2）"异或"逻辑真值表如表 1-7 所示。

表 1-7 "异或"逻辑真值表

输 入		输 出
A	*B*	*Y*
0	0	0
0	1	1
1	0	1
1	1	0

（3）"异或"逻辑电路图如图 1-15 所示。

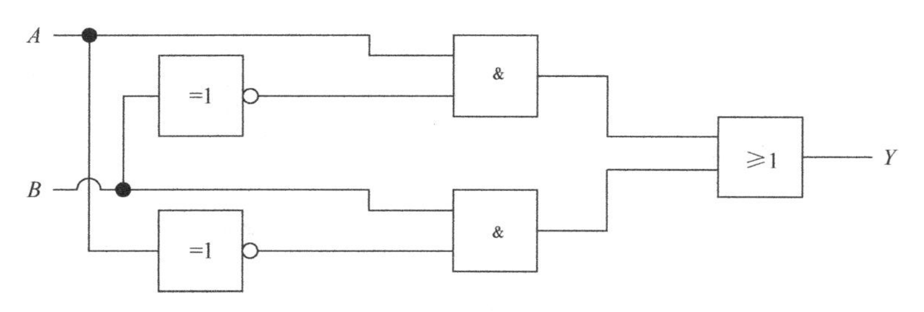

图 1-15　“异或”逻辑电路图

（4）“异或”逻辑表达式：$Y=A\overline{B}+\overline{A}B=A\oplus B$。

4. “同或”门

（1）“同或”逻辑符号如图 1-16 所示。

（a）标准符号　（b）常见符号

图 1-16　“同或”逻辑符号

（2）“同或”逻辑真值表如表 1-8 所示。

表 1-8　“同或”逻辑真值表

输　入		输　出
A	*B*	*Y*
0	0	1
0	1	0
1	0	0
1	1	1

（3）“同或”逻辑符号如图 1-17 所示。

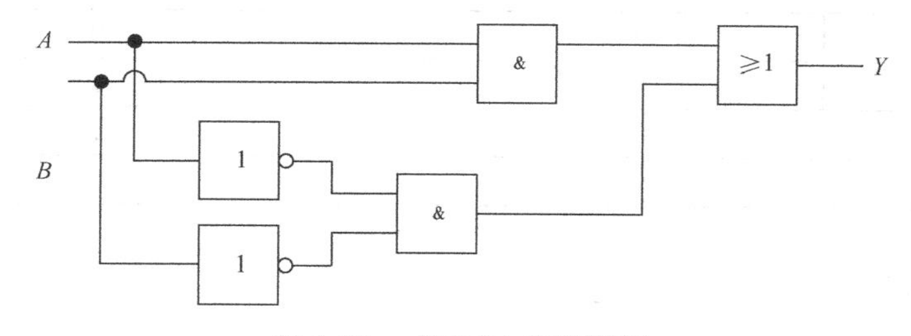

图 1-17　“同或”逻辑符号

（4）“同或”逻辑表达式：$Y=\overline{A}\overline{B}+AB=A\odot B$。

5. 三态输出门（TSL 门）

三态输出门电路及符号如图 1-18 所示。在图 1-18 中，$\overline{\text{EN}}$为控制端，又称使能端。当$\overline{\text{EN}}$=0时，三态门开门，执行“与非”门功能；当$\overline{\text{EN}}$=1时，三态门关闭，呈高阻状态。还有一种$\overline{\text{EN}}$=1有效的三态门：当$\overline{\text{EN}}$=1时，三态门开门，执行“与非”门功能；当$\overline{\text{EN}}$=0时，三态门关闭，呈高阻状态。$\overline{\text{EN}}$=0有效的三态输出“与非”门真值表如表 1-9 所示。

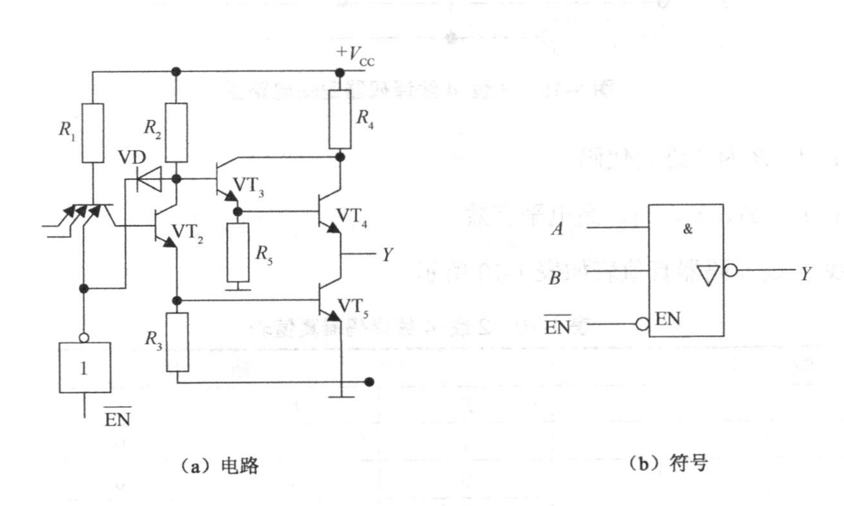

（a）电路　　　　（b）符号

图 1-18　三态输出门电路及符号

表 1-9　$\overline{\text{EN}}$=0有效的三态输出“与非”门真值表

控制端	输入		输出
$\overline{\text{EN}}$	A	B	Y
1	×	×	高阻状态
0	0	0	1
0	0	1	1
0	1	0	1
0	1	1	0

6. 译码器

译码：将表示特定意义信息的二进制代码翻译成对应的输出信号，以表示其原本的含意。

译码器：实现译码功能的电路。

二进制译码原则：用 n 位二进制代码可以表示 2^n 个信号，则在对 n 位二进制代码进行译码时，应由 $2^n \geqslant N$ 来确定译码信号位 N。

二进制译码器：将输入的二进制代码翻译成对应的输出信号的电路。它有 2 个输入端、4 个输出端，因此又称 2 线-4 线译码器。

（1）2 线-4 线译码器逻辑电路图如图 1-19 所示。

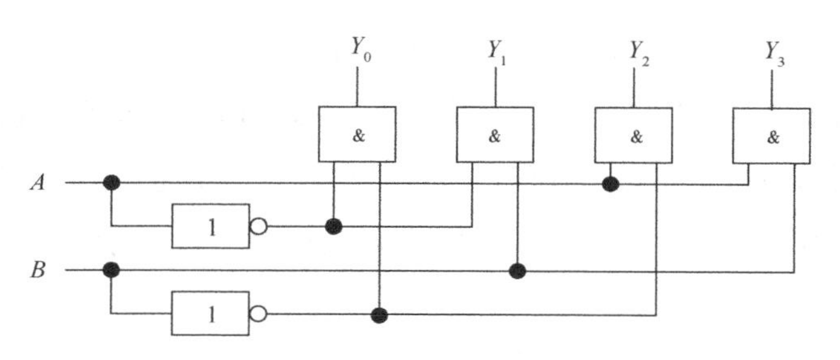

图 1-19　2 线-4 线译码器逻辑电路图

输入端：A、B 为二进制代码。

输出端：Y_0、Y_1、Y_2、Y_3，高电平有效。

（2）2 线-4 线译码器真值表如表 1-10 所示。

表 1-10　2 线-4 线译码器真值表

输　入		输　出			
A	B	Y_0	Y_1	Y_2	Y_3
0	0	1	0	0	0
0	1	0	1	0	0
1	0	0	0	1	0
1	1	0	0	0	1

（3）2 线-4 线译码器输出逻辑表达式：

$$Y_0=\overline{A}\overline{B} \qquad Y_1=\overline{A}B$$

$$Y_2=A\overline{B} \qquad Y_3=AB$$

（4）2 线-4 线译码器的典型集成电路产品及应用。

2 线-4 线译码器的典型集成电路产品有 74LS139、74LS155 和 74LS156。74LS139 的外引线功能示意图如图 1-20 所示。

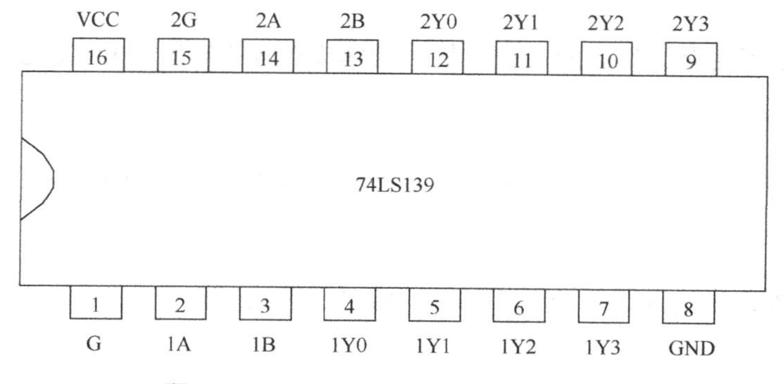

图 1-20　74LS139 的外引线功能示意图

2线-4线译码器可用于工业自动化控制。将两个信号 A、B 作为输入的二进制代码输入2线-4线译码器时，其输入代码00、01、10、11将被译码成如表1-10所示的2线-4线译码器真值表中的4种状态输出，在这四种状态下，Y_0、Y_1、Y_2、Y_3 只有一个输出为高电平，其余为低电平。高/低电平状态可以分辨出机械工程的控制要求，从而实现对机械工程的控制。

1.2.3 时序逻辑电路

时序逻辑电路：某一时刻的输出信号完全取决于该时刻的输入信号，没有记忆功能。

触发器：具有记忆功能的基本逻辑电路，能存储二进制信息（数字信息）。

触发器有以下3个基本特性。

（1）有两个稳态，可分别表示二进制数码0和1，无外触发时可维持稳态。

（2）有外触发时，两个稳态可相互转换（翻转），已转换的稳态可长期保持，这使得触发器能够记忆二进制信息，因此，触发器常用作二进制存储单元。

（3）有两个互补输出端，分别用Q和$\overline{Q}$表示。

1. 基本RS触发器

1）由“与非”门组成的基本RS触发器

（1）电路结构。

电路组成：两个“与非”门输入和输出交叉耦合（反馈延时），如图1-21（a）所示。

逻辑符号如图1-21（b）所示。

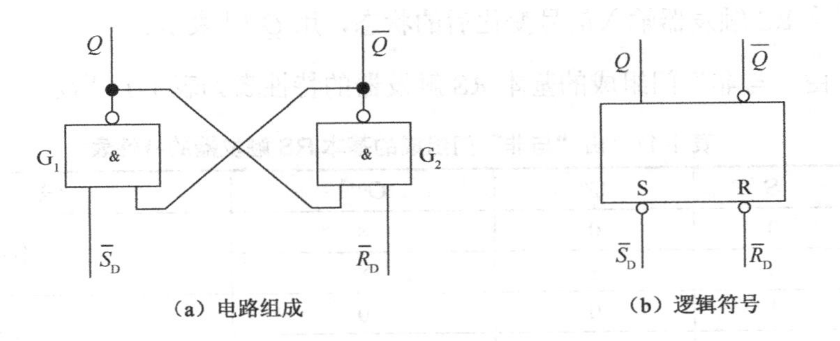

图1-21 由“与非”门组成的基本RS触发器的电路组成及逻辑符号

① 信号输入端：R为置0端（复位端），S为置1端（置位端）。

② 输出端：当基本RS触发器处于稳态时，Q端和$\overline{Q}$端的输出状态相反。

1 状态：$Q=1$，$\bar{Q}=0$。

0 状态：$Q=0$，$\bar{Q}=1$。

（2）逻辑功能。

① 当 $R=0$，$S=1$ 时，基本 RS 触发器置 0 端。

输入端 R 为置 0 端，也称复位端，低电平有效。

② 当 $R=1$，$S=0$ 时，基本 RS 触发器置 1 端。

输入端 S 为置 1 端，也称置位端，低电平有效。

③ 当 $R=1$，$S=1$ 时，基本 RS 触发器保持原状态不变。

如果基本 RS 触发器原处于 $Q=0$ 和$\bar{Q}=1$ 的状态，电路保持 0 状态不变。

如果基本 RS 触发器原处于 $Q=1$ 和$\bar{Q}=0$ 的状态，电路保持 1 状态不变。

④ 基本 RS 触发器状态不定。

当 $R=0$，$S=0$ 时，基本 RS 触发器状态不定，输出信号 $Q=\bar{Q}=1$，此状态既不是 1 状态，也不是 0 状态，会造成逻辑混乱。

当 R 和 S 同时由 0 变为 1 时，由于 G_1 和 G_2 延迟时间存在差异，基本 RS 触发器的输出状态无法预知，可能是 1 状态，也可能是 0 状态。实际上，这种情况是不允许出现的。因此，基本 RS 触发器有以下约束条件。

$$R+S=1$$

（3）特性表。

现态：基本 RS 触发器输入信号变化前的状态，用 Q^n 表示。

次态：基本 RS 触发器输入信号变化后的状态，用 Q^{n+1} 表示。

特性表：由“与非”门组成的基本 RS 触发器的特性表如表 1-11 所示。

表 1-11　由“与非”门组成的基本 RS 触发器的特性表

R	S	Q^n	Q^{n+1}	说　明
0	0	0	×	不定
0	0	1	×	
0	1	0	0	置 0
0	1	1	0	
1	0	0	1	置 1
1	0	1	1	
1	1	0	0	保持
1	1	1	1	

2）由“或非”门组成的基本 RS 触发器

（1）电路结构。

电路组成：两个“或非”门输入和输出交叉耦合，如图 1-22（a）所示。

逻辑符号如图 1-22（b）所示。

（2）输入信号。

高电平有效。R 为置 0 端，S 为置 1 端。

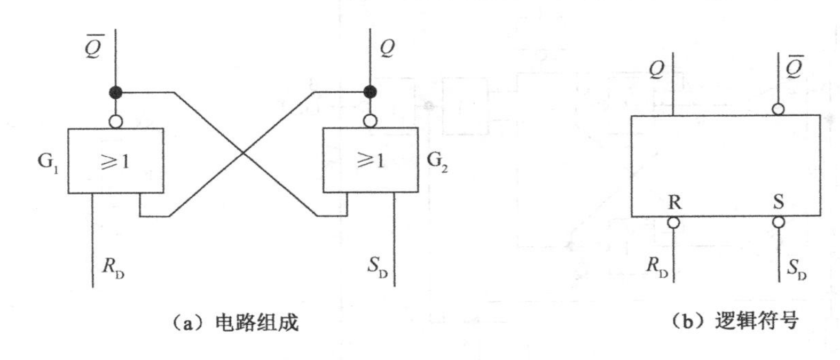

（a）电路组成　　（b）逻辑符号

图 1-22　由“或非”门组成的基本 RS 触发器的电路组成及逻辑符号

（3）工作原理。

在由“与非”门组成的基本 RS 触发器的基础上进行适当变化。

（4）由“或非”门组成的基本 RS 触发器的特性表如表 1-12 所示。

表 1-12　由“或非”门组成的基本 RS 触发器的特性表

R	S	Q^n	Q^{n+1}	说　明
0	0	0	0	保持
0	0	1	1	
0	1	0	1	置 1
0	1	1	1	
1	0	0	0	置 0
1	0	1	0	
1	1	0	×	不定
1	1	1	×	

2. 555 定时器

555 定时器是一种将模拟功能与逻辑功能结合在一起的混合集成电路，555 定时器的应用遍及很多领域，在其外部配上少量阻容元件，便能构成多谐振荡器、单稳态触发器、施密特触发器等集成电路。

555 定时器的电源电压范围较大为 3～18V，还可以输出一定的功率，可驱动微电机、指示灯、扬声器等，它在波形的产生和变换、测量与控制、家用电器和电子玩具等领域都得到了广泛的应用。

（1）电路结构与工作原理。

555 定时器的电路结构如图 1-23 所示。

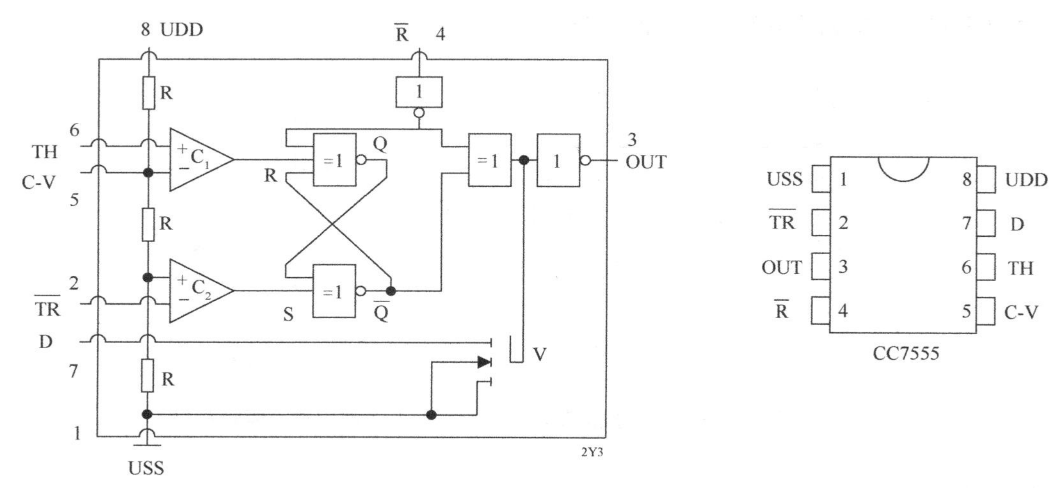

USS—接地端；TR̄—触发端；OUT—输出端；R̄—复位端；C-V—电压控制端；TH—阈值输入端；D—放电端；UDD—电源端

图 1-23　555 定时器的电路结构

555 定时器包括电阻分压器、电压比较器 C_1 和 C_2、RS 触发器、复位端、放电管 V 和输出缓冲器。

① 电阻分压器：由 3 个阻值相同的电阻 R 串联构成分压电路，提供两个参考电压，一个是 C_1 的反向输入端电压，为 $2U_{DD}/3$，另一个是 C_2 的同向输入端电压，为 $U_{DD}/3$。

② 电压比较器 C_1 和 C_2：当 $U+>U-$ 时，电压比较器的输出为高电平 1；当 $U+<U-$ 时，电压比较器的输出为低电平 0。

③ RS 触发器：由两个“或非”门组成，电压比较器的输出信号是 RS 触发器的输入信号，RS 触发器的输出信号 Q 和 $\overline{Q}$ 将随着电压比较器的输出信号的改变而改变。

④ 复位端：$\overline{R}$ 是复位端，低电平有效。当 $\overline{R}$ 为低电平时，输出端 OUT 为 0。

⑤ 放电管 V 和输出缓冲器：当复位端 $\overline{R}$ 是高电平时，若基本 RS 触发器的 $\overline{Q}=0$，则放电管 V 截止；若 $\overline{Q}=1$，则放电管 V 导通，通过放电端 D 与外接电路形成放电回路。输出部分由反相器构成输出缓冲器，以提高输出驱动能力。

（2）555 定时器功能表。

555 定时器功能表如表 1-13 所示。

表 1-13 555 定时器功能表

TH	$\overline{TR}$	$\overline{R}$	OUT	V
×	×	0	0	导通
$<\frac{2}{3}U_{DD}$	$<\frac{1}{3}U_{DD}$	1	1	截止
$>\frac{2}{3}U_{DD}$	$>\frac{1}{3}U_{DD}$	1	0	导通
$<\frac{2}{3}U_{DD}$	$>\frac{1}{3}U_{DD}$	1	保持原态	保持原态

1.3 指令系统

1.3.1 机器指令系统

1. 数据格式

模型机规定采用定点补码表示法表示数据，字长为 8 位，全部用来表示数据（最高位不表示符号），数值表示范围：$0 \leqslant X \leqslant 2^8-1$。

2. 指令设计

模型机指令分为 3 大类：运算类指令、控制转移类指令和数据传送类指令，共 15 条。运算类指令包含 3 种运算，算术运算、逻辑运算和移位运算。运算类指令有 6 条，分别为 ADD、AND、INC、SUB、OR、RR，所有运算类指令都为单字节指令，其寻址方式采用直接寻址。控制转移类指令有 3 条：HLT、JMP、BZC，用以控制程序的分支和转移，其中 HLT 为单字节指令，JMP 和 BZC 为双字节指令。数据传送类指令有 6 条：IN、OUT、MOV、LDI、LAD、STA，用以完成寄存器和寄存器、寄存器和 I/O 设备、寄存器和存储器之间的数据交换，除 MOV 指令为单字节指令以外，其余指令均为双字节指令。

3. 指令格式

单字节指令（ADD、AND、INC、SUB、OR、RR、HLT 和 MOV）格式如表 1-14 所示。

表 1-14　单字节指令格式

I7	I6	I5	I4	I3	I2	I1	I0
OP-CODE				RS		RD	

在表 1-14 中，I7～I0 分别为指令字节的 8 位（I7 为高位，I0 为低位）。其中，OP-CODE 为操作码，RS 为源寄存器，RD 为目的寄存器，RS 或 RD 选定的寄存器如表 1-15 所示。

表 1-15　RS 或 RD 选定的寄存器

RS 或 RD	选定的寄存器
00	R0
01	R1
10	R2
11	R3

IN 和 OUT 的指令格式如表 1-16 所示。

表 1-16　IN 和 OUT 的指令格式

第一字节								第二字节
I7	I6	I5	I4	I3	I2	I1	I0	I7～I0
OP-CODE				RS		RD		P

在表 1-16 中，OP-CODE 为操作码，RS 为源寄存器，RD 为目的寄存器，P 为 I/O 端口号，占用一个字节，I/O 地址译码原理图如图 1-24 所示（在地址总线）。

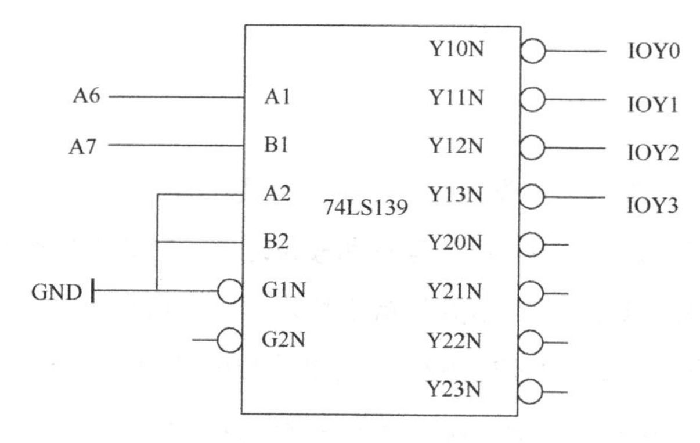

图 1-24　I/O 地址译码原理图

由于使用地址总线的高两位进行译码，I/O 地址空间被分为 4 个区，如表 1-17 所示。

表 1-17　I/O 地址空间分配

A7A6	选　　定	地 址 空 间
00	IOY0	00～3F
01	IOY1	40～7F

续表

A7A6	选　定	地 址 空 间
10	IOY2	80～BF
11	IOY3	C0～FF

系统设计了5种数据寻址方式：立即寻址、直接寻址、间接寻址、变址寻址和相对寻址。LDI指令为立即寻址，LAD、STA、JMP和BZC指令分别为直接寻址、间接寻址、变址寻址和相对寻址。

LDI指令格式如表1-18所示，第一字节与IN和OUT指令相同，第二字节为立即数。

表1-18　LDI指令格式

第一字节								第二字节
I7	I6	I5	I4	I3	I2	I1	I0	I7～I0
OP-CODE				RS		RD		data

LAD、STA、JMP和BZC指令格式如表1-19所示。

表1-19　LAD、STA、JMP和BZC指令格式

第一字节								第二字节
I7	I6	I5	I4	I3	I2	I1	I0	I7～I0
OP-CODE				M		RD		D

在表1-19中，M为寻址模式，如表1-20所示，以R2作为变址寄存器RI。

表1-20　寻址模式

寻址模式M	有效地址E	说　明
00	E＝D	直接寻址
01	E＝（D）	间接寻址
10	E＝（RI）＋D	RI变址寻址
11	E＝（PC）＋D	相对寻址

4. 指令系统

模型机共有15条基本指令，表1-21列出了各条指令的汇编符号、指令格式和指令功能。

表 1-21　指令描述

汇编符号	指令格式	指令功能
MOV RD，RS	0100　RS　RD	RS→RD
ADD RD，RS	0000　RS　RD	RD+RS→RD
SUB RD，RS	1000　RS　RD	RD−RS→RD
AND RD，RS	0001　RS　RD	RD∧RS→RD
OR RD，RS	1001　RS　RD	RD∨RS→RD
RR RD，RS	1010　RS　RD	RS 右环移→RD
INC RD	0111　**　RD	RD+1→RD
LAD M D，RD	1100　M　RD　D	E→RD
STA M D，RS	1101　M　RD　D	RD→E
JMP N D	1110　M　**　D	E→PC
BZC M D	1111　M　**　D	当 FC=1 或 FZ=1 时，E→PC
IN RD，P	0010　**　RD　P	[P]→RD
OUT P，RS	0011　RS　**　P	RS→[P]
LDI RD，D	0110　**　RD　D	D→RD
HALT	0101　**　**	停机

位于实验平台 MC 单元左上角一列的 3 个指示灯 MC2、MC1、MC0 用来指示当前操作的微程序字段，其分别对应 M23～M16、M15～M8、M7～M0。实验平台提供了比较灵活的手动操作方式，如在上述操作中，在对地址置数后，将开关 KK4 拨至“减 1”挡，按动两次 ST 按钮，字节数将依次从高 8 位到低 8 位递减，减至低 8 位后，再按动两次 ST 按钮，微地址将自动减 1，继续对下一个单元进行操作。

1.3.2　计算机微指令

计算机微指令字长共 24 位，微指令格式如表 1-22 所示。

表 1-22 微指令格式

23	22	21	20	19	18～15	14～12	11～9	8～6	5～0
M23	M22	WR	RD	IOM	S3～S0	A 字段	B 字段	C 字段	MA5～MA0

A 字段

14	13	12	选择
0	0	0	NOP
0	0	1	LDA
0	1	0	LDB
0	1	1	LDRO
1	0	0	保留
1	0	1	LOAD
1	1	0	LDAR
1	1	1	LDIR

B 字段

11	10	9	选择
0	0	0	NOP
0	0	1	ALU_B
0	1	0	RO_B
0	1	1	保留
1	0	0	保留
1	0	1	保留
1	1	0	PC_B
1	1	1	保留

C 字段

8	7	6	选择
0	0	0	NOP
0	0	1	P<1>
0	1	0	保留
0	1	1	保留
1	0	0	保留
1	0	1	LDPC
1	1	0	保留
1	1	1	保留

在表 1-22 中，MA5～MA0 为 6 位的后续微地址，A、B、C 为 3 个译码字段，其分别由 3 个控制位译码得出多种指令。C 字段中的 P<1>为测试字位，其功能是根据机器指令及相应的微代码进行译码，使微程序转入相应的微地址入口，从而完成对指令的识别，并实现微程序的分支，微程序 P 判别条件说明见本书附录 C。指令译码原理图如图 1-25 所示，图中 I7～I2 为指令寄存器的第 7～2 位输出，SE3～SE0 为微程序控制器单元微地址锁存器的强置端输出，指令译码逻辑在 IR 单元的 INS_DEC（GAL20V8）中实现。

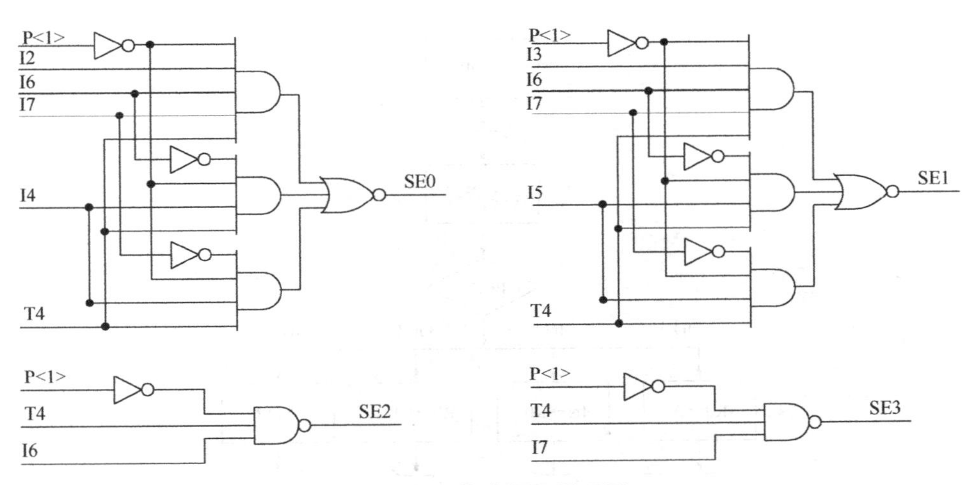

图 1-25 指令译码原理图

实际上微程序控制器可产生的控制信号比表 1-22 中展示的要多，本实验只应用了部分控制信号。

本实验中的机器指令由 CON 单元的二进制开关手动给出，其余单元的控制信号均由微程序控制器自动产生，由此可以设计出相应的数据通路图，如图 1-26 所示。

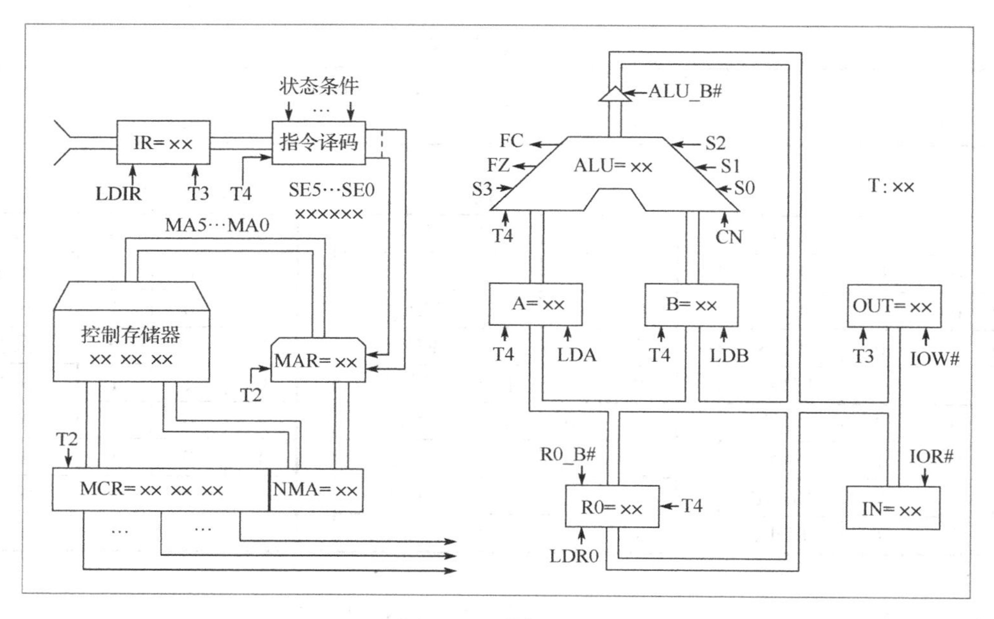

图 1-26 数据通路图

微程序流程图如图 1-27 所示，图中一个矩形方框表示一条微指令，矩形方框中的内容为该微指令执行的微操作，矩形方框右上角的数字是该微指令的微地址，矩形方框右下角的数字是该微指令的后续微指令的微地址，所有微地址均用十六进制数表示。向下的箭头指出了下一条要执行的指令。P<1>为测试字位，根据条件使微程序产生分支。

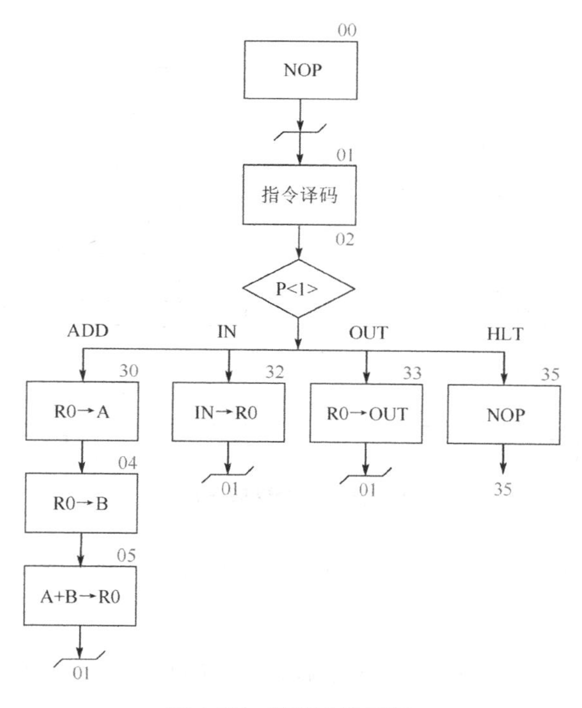

图 1-27 微程序流程图

将全部微程序按微指令格式转为二进制微代码，可得到如表1-23所示的二进制微代码表。其中，高五位从左到右依次对应微指令格式中的M23、M22、WR、RD、IOM，即23～19位，微指令（十六进制）是由后面24位的微指令四位为一组依次转换为十六进制数得到的，微地址在不冲突的情况下可在允许范围内任意设置并用十六进制数表示（本实验系统有00～3F共64个地址可以填写），机器运行时从地址00开始。

表1-23　二进制微代码表

微指令地址	微指令（十六进制）	微指令（二进制）						注　释
		高五位	S3～S0	A字段	B字段	C字段	MA5～MA0	
00	00 00 01	00000	0000	000	000	000	000001	空操作；下址01
01	00 6D 42	00000	0000	110	110	101	000010	PC_B+LDAR+LDPC；下址02
02	10 70 70	00010	0000	111	000	001	110000	MEM_RD+LDIR，P<1>；名义下址30
04	00 24 05	00000	0000	010	010	000	000101	R0_B+LDB；下址05
05	04 B2 01	00000	1001	011	001	000	000001	(F=A+B)+ALU_B+LDR0；下址01
30	00 14 04	00000	0000	001	010	000	000100	R0_B+LDA；下址04
32	18 30 01	00011	0000	011	000	000	000001	IO_RD+LDR0；下址01
33	28 04 01	00101	0000	000	010	000	000001	R0_B+IO_WR；下址01
35	00 00 35	00000	0000	000	000	000	110101	空操作；下址35

为方便理解，此处给出了4条机器指令的执行过程，分别为IN（0010 0000）、ADD（0000 0000）、OUT（0011 0000）和HLT（0101 0000），括号中为各指令的机器指令码，指令格式如图1-28所示。

助记符	机器指令码	说明
IN	0010 0000	IN → R0
ADD	0000 0000	R0 + R0 → R0
OUT	0011 0000	R0 → OUT
HLT	0101 0000	停机

图1-28　指令格式

上电后，控制器从控存地址0单元开始执行微程序。

如表1-23所示，第一条指令为“空操作”，表明其未输出实质性控制信号。其下址为“01”，表明执行完该微指令后转向执行“01”地址的微指令。

“01”地址的微指令产生的控制信号为“PC_B+LDAR+LDPC”，其中“PC_B+LDAR”的效果为将PC的内容送到AR地址寄存器以选中内存单元（选中下一条机器指令的第一个字节），“LDPC”此时的效果为“PC+1”。其下址为“02”，所以执行完该微指令后转向执行“02”

地址的微指令。

“02”地址的微指令产生的控制信号为“MEM_RD+LDIR，P<1>”，其中，“MEM_RD+LDIR”的效果为从被 AR 地址寄存器选中的内存单元中读取内容，送到 IR 寄存器（读取指令第一字节），“P<1>”的效果为根据取到的指令操作码和当前微指令名义下址“30”，计算出实际下址。P<1>的具体规则可参见附录 C，此处直接给出上述 4 条机器指令译码后对应的下址：IN（32）、ADD（30）、OUT（33）、HLT（35）。

假设取到的机器指令为“IN”，其机器指令码“0010 0000”（二进制）与名义下址“30”（十六进制）按照 P<1>规则运算后的实际下址为“32”。“32”地址的微指令产生的控制信号为“IO_RD+LDR0”，其效果为从 IO 读取一个字节存入 R0 寄存器。其下址为“01”，所以执行完该微指令后转向执行“01”地址的微指令，这表明当前指令已经执行完，重新回到下一条指令的取指令环节。

假设取到的机器指令为“ADD”，其机器指令码“0000 0000”（二进制）与名义下址“30”（十六进制）按照 P<1>规则运算后的实际下址仍为“30”。“30”地址的微指令产生的控制信号为“R0_B+LDA”，其效果为将 R0 寄存器的内容送到 ALU 的 A 寄存器，其下址为“04”。“04”地址的微指令产生的控制信号为“R0_B+LDB”，其效果为将 R0 寄存器的内容送到 ALU 的 B 寄存器，其下址为“05”。“05”地址的微指令产生的控制信号为“(F=A+B)+ALU_B+LDR0”，其中，“(F=A+B)+ALU_B”的效果为指示 ALU 将 A、B 寄存器的内容相加并输出，然后通过“LDR0”将结果保存到 R0 寄存器，其下址为“01”。执行完该微指令后转向执行“01”地址的微指令，这表明当前指令已经执行完，重新回到下一条指令的取指令环节。

读者可以参照上例自行理解另外两条指令的执行过程。

第2章　组成原理实验项目

本章内容是为配合计算机组成原理课程设置的，首先设计了一个TD-CMA实验系统认识实验，目的是让学生熟悉该实验系统的布局、信号标记和基本操作方法。然后设计了6个计算机基本部件实验，结合对总线、存储器、运算器、控制器等基本部件的介绍，帮助学生理解、消化课堂内容。

2.1　TD-CMA实验系统认识实验

一、实验目的

（1）了解实验台的基本结构，熟悉实验台的连接方式、实验台控制信号的标识规则。

（2）掌握实验的基本操作方法，为以后的实验做准备。

二、实验设备

TD-CMA实验系统一套。

三、预习要求

（1）阅读本实验教程及相关参考教材。

（2）了解本书附录B中各单元接口的有效状态。

四、实验原理

（1）开关：产生高/低电平（对应数字信号1/0），由关到开（由低电平到高电平）为上升沿，反之则为下降沿。

（2）LED灯：直观表示信号状态（灯亮对应1，灯灭对应0）。

（3）插针：各个模块的信号I/O端，通过导线将不同模块对应的插针连接起来，可以将信号从产生的地方传输到目标控制点。

（4）插针底部的马蹄形标记“⊔”：用于指示插针之间的连通关系。该马蹄形标记表示这两根插针之间是连通的，在逻辑上是一个信号，所以在将其与另一模块相连时，使用一根插针和同时使用这两根插针实现的逻辑效果是一样的。没有丝印标记连接的插针就是一个独立的控制引脚。

（5）导线：本实验箱使用的导线基本上以 2 芯、4 芯、6 芯、8 芯几种形式构成排线。虽然排线看上去是一根线，但它在物理上和逻辑上都是相互独立的多根导线，为了便于区分，排线采用了多根不同颜色的导线，使用时要注意确认两端模块的对应插针被排线中相同颜色的导线连接。比较常见的两种错误连接：①将排线当成一根导线使用，排线连接的两端的线序相反；②错位，插线时没有对齐插针，导致整排导线整体错位。

（6）蜂鸣器：总线采用分时复用形式，在同一时刻，允许一个模块发送数据，一个或多个设备接收数据。当有两个或两个以上模块同时向总线发送数据时，就会造成总线冲突，此时蜂鸣器就会发出鸣响表示冲突。若操作过程中蜂鸣器鸣响，则应检查最后一个操作执行前总线是否已经被占用（已经有模块向总线发送数据）；若实验箱一上电蜂鸣器就鸣响，则可以先尝试按下 CLR 总清按钮消除鸣响，再检查当前实验使用的各个模块的输出控制引脚是否有效（输出控制引脚很多时候是低电平有效的）。

（7）CON 单元：在验证性操作单个功能模块时，由用户代替控制器产生控制信号，以理解功能模块的操作逻辑。CON 单元的作用就是通过手动拨动开关在对应插针上产生高/低电平，以及上升/下降沿，来模拟控制器发出的控制信号。CON 单元包括 24 个手动开关和对应的插针，以及 LED 灯，本质上它们是 24 个通用单元，每个通用单元都可以产生一个控制信号送往任意一个模块。虽然如此，但是利用面板上印刷的助记符更有利于记忆，提高操作效率。插针的位置并不一定与开关位置一致，手动开关和插针之间的对应关系由它们底下的助记符表示，相同符号表示相互对应。由于多数功能模块的输出使能是低电平有效的，为了避免多个模块向总线传送数据造成总线冲突，可以在实验箱上电前把用到的 CON 单元的开关拨到高电平位置。

（8）PC 单元：又称程序计数器，其在 LDPC（PC+1 使能）有效的情况下，针对输入脉冲执行加 1 计数动作。

五、实验步骤

通过以下几步来快速熟悉该实验平台。

（1）LED 灯的使用。拨动 IN 单元的开关，观察对应 LED 灯的亮/灭情况。

（2）导线及插针的使用。将 IN 单元 D7～D0 通过排线与 CPU 内总线 D7～D0 连接，IN 单元 IN_B、RD 接扩展单元 GND，拨动 IN 单元的开关，观察 CPU 内总线上 LED 灯的亮/灭情况。关闭 TD-CMA 实验系统电源，按图 2-1 所示的导线及插针的使用步骤接线图进行连线，连通无误后接通电源，图中用圆圈表示用户需要连接的信号（其他实验相同）。将 CPU 内总线上的排线反接（将 IN 单元 D7～D0 与 CPU 内总线 D0～D7 连接），拨动 IN 单元的开关，观察 CPU 内总线上 LED 灯的亮/灭情况。

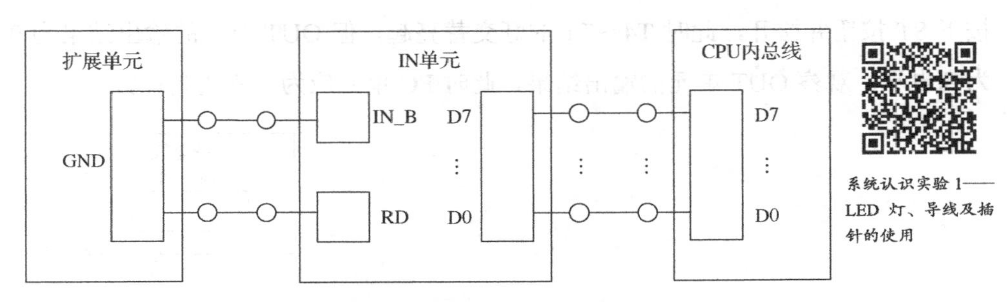

图 2-1　导线及插针的使用步骤接线图

（3）I/O 单元的使用。将 IN 单元 D7～D0 通过排线直接与 OUT 单元 D7～D0 连接，IN 单元 IN_B、RD 与扩展单元 GND 连接；OUT 单元 LED_B 与扩展单元 GND 连接，WR 与时序与操作台 ST+连接。关闭 TD-CMA 实验系统电源，按图 2-2 所示的 I/O 单元的使用步骤接线图进行连线，连通无误后接通电源。改变 IN 单元 D7～D0 的值，按动 ST 按钮，反复执行这一操作，观察 OUT 单元的输出结果。将 IN 单元 D7～D0 通过排线直接与 OUT 单元 D0～D7 连接，执行上述操作，观察 OUT 单元的输出结果。

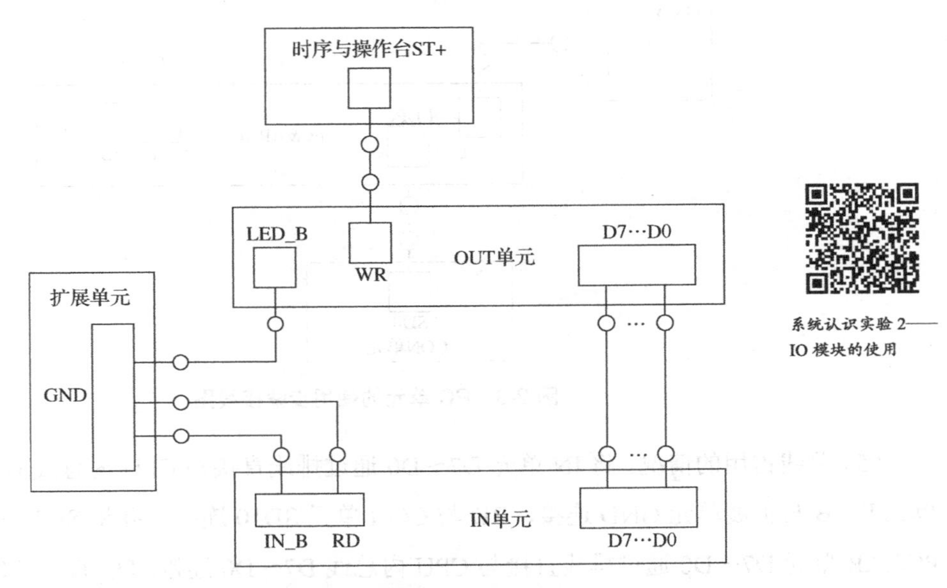

图 2-2　I/O 单元的使用步骤接线图

（4）PC 单元的使用。将 OUT 单元 D7～D0 通过排线直接与 PC&AR 单元 D7～D0 连接，OUT 单元 LED_B 与扩展单元 GND 连接，WR 与时序与操作台单元 300Hz 连接，以达到实时刷新输出结果的目的；将 PC&AR 单元 PC_B 与扩展单元 GND 连接，LDPC 与 CON 单元 SD0 连接，并将 SD0 置为低电平；将系统总线 T4～T1 通过排线与时序与操作台单元的 TS4～TS1 相接；将时序与操作台单元 CLK0 与 30Hz 相接，并将开关 KK2 置为“连续”挡。关闭 TD-CMA 实验系统电源，按图 2-3 所示的 PC 单元的使用步骤接线图进行连线，接通无误后打开电源，按下 ST 按钮并松开，此时 T4～T1 的灯交替亮起，但 OUT 单元的输出结果为 0，将 SD0 置为高电平，观察 OUT 单元的输出结果，此时 PC 单元应为十六进制计数器。

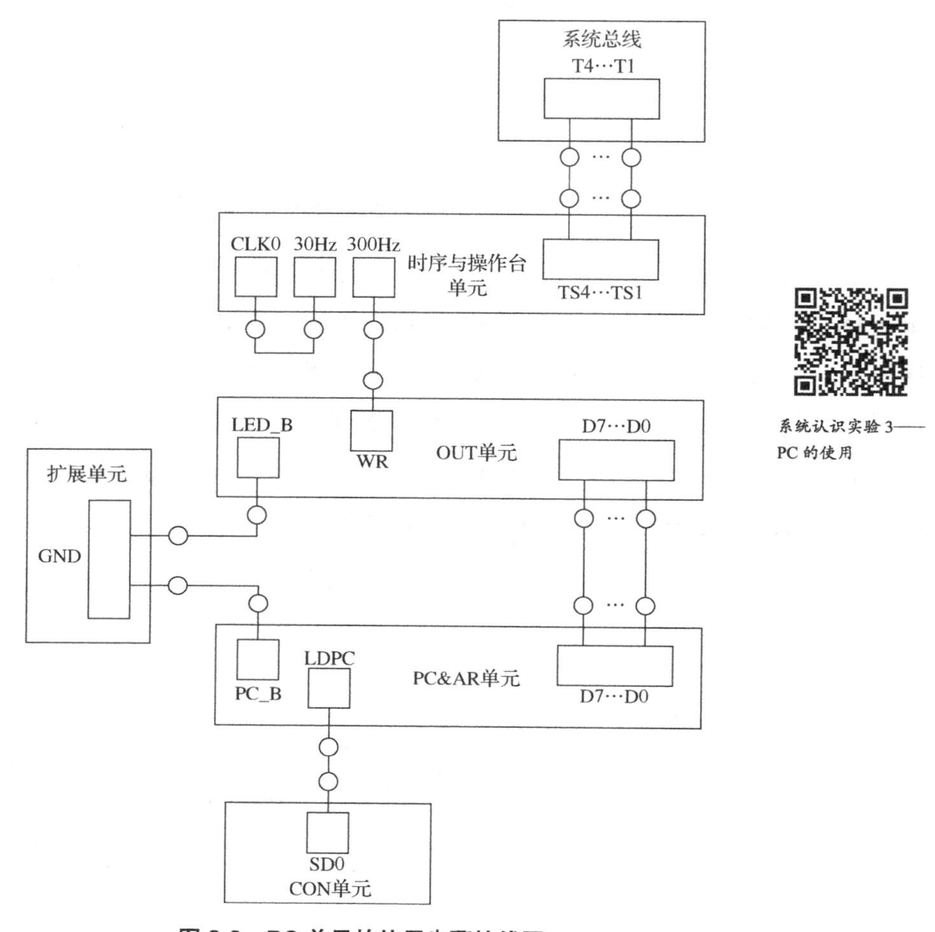

图 2-3　PC 单元的使用步骤接线图

（5）总线占用的情况。将 IN 单元 D7～D0 通过排线直接与 CPU 内总线 D7～D0 连接，IN 单元 IN_B 与扩展单元 GND 连接，RD 与 CON 单元 SD10 连接，并将 SD10 置为高电平；将 PC&AR 单元 D7～D0 通过排线直接与 CPU 内总线 D7～D0 连接，PC_B 与 CON 单元 SD7 连接，并将 SD7 置为低电平，LDPC 与 CON 单元 SD0 连接，并将 SD0 置为低电平。关闭 TD-CMA

实验系统电源，按图 2-4 所示的总线的占用情况步骤接线图进行连线，接通无误后打开电源，SD10 置为低电平，此时会有蜂鸣器报警，证明有多个设备正在向总线发送数据，造成总线占用，应及时撤回上一步操作。

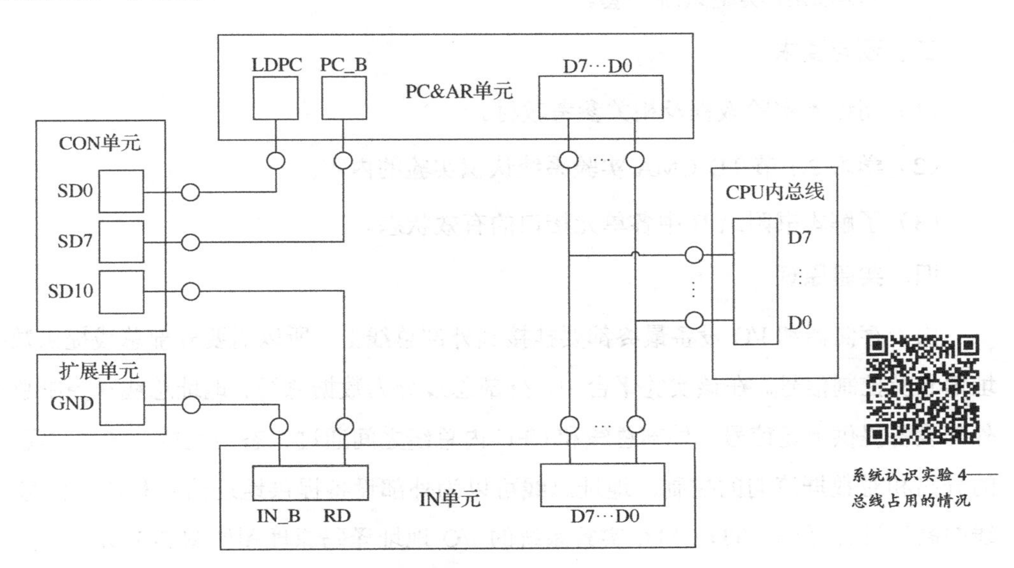

图 2-4　总线的占用情况步骤接线图

六、实验思考

（1）ST+可以产生一个正脉冲，那么能否用 CON 单元产生正脉冲或负脉冲？

（2）既然 IN 单元总是用作输入，能否将其 IN_B 和 RD 永久性地置为低电平？为什么？

（3）假如 IN 单元输入不采用电平控制而采用上升沿控制，是否会有问题？假如 OUT 单元输出采用电平控制而非边沿控制，是否会有问题？

（4）为什么当有两个或两个以上单元同时向总线发送数据时会产生总线冲突？如果有两个或两个以上单元同时从总线读取数据会引发总线冲突吗？

2.2　总线数据传输控制实验

一、实验目的

（1）理解总线的概念及其特性。

（2）掌握总线的功能和应用。

二、实验设备

（1）计算机一台。

（2）TD-CMA 实验系统一套。

三、预习要求

（1）阅读本实验教程及相关参考教材。

（2）学习 2.1 节 TD-CMA 实验系统认识实验的内容。

（3）了解本书附录 B 中各单元接口的有效状态。

四、实验原理

由于存储器和 I/O 设备最终都要挂接到外部总线上，所以需要外部总线提供数据信号、地址信号及控制信号。在该实验平台中，外部总线分为数据总线、地址总线和控制总线，分别为外部设备提供上述信号。外部总线和 CPU 内总线之间通过三态门连接，同时实现了内/外总线的分离和对数据流向的控制。地址总线可以为外部设备提供地址信号和片选信号，由地址总线的高位进行译码，TD-CMA 实验系统的 I/O 地址译码原理图如图 2-5 所示（在地址总线单元）。由于使用 A6、A7 进行译码，I/O 地址空间被分为 4 个区，如表 2-1 所示。

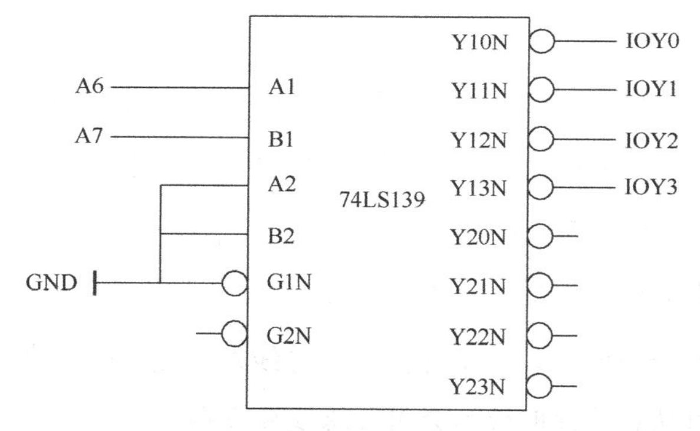

图 2-5　TD-CMA 实验系统的 I/O 地址译码原理图

表 2-1　I/O 地址空间分配

A7A6	选　　定	地 址 空 间
00	IOY0	00～3F
01	IOY1	40～7F
10	IOY2	80～BF
11	IOY3	C0～FF

为了实现对 MEM 和 I/O 设备的读/写操作，需要一个读/写控制逻辑，使得 CPU 能控制对 MEM 和 I/O 设备的读/写操作，读/写控制逻辑如图 2-6 所示。T3 的参与可以保证写操作仅在

有限时间（T3 脉宽）内有效，T3 由时序单元的 TS3 给出。IOM 用来选择是对 I/O 设备还是对 MEM 进行读/写操作，当 IOM=1 时，对 I/O 设备进行读/写操作；当 IOM=0 时，对 MEM 进行读/写操作。当 RD=1 时，为读；当 WR=1 时，为写。

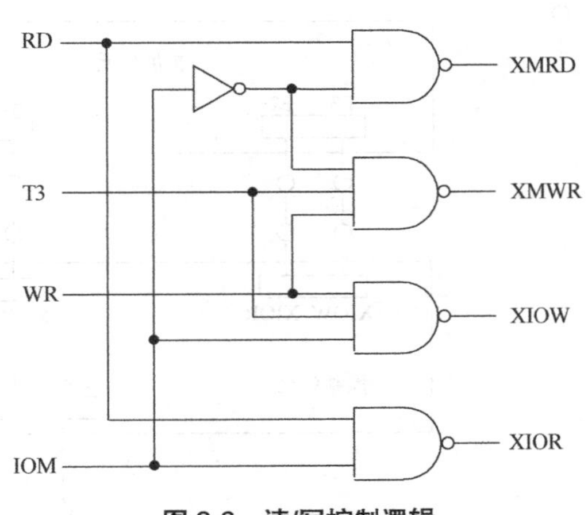

图 2-6　读/写控制逻辑

在理解读/写控制逻辑的基础上我们设计了一个总线传输实验，总线传输实验框图如图 2-7 所示，它将几种不同的设备挂接至总线上，这些设备都需要有三态输出控制，按照传输要求恰当有序地控制它们，就能实现总线信息传输。

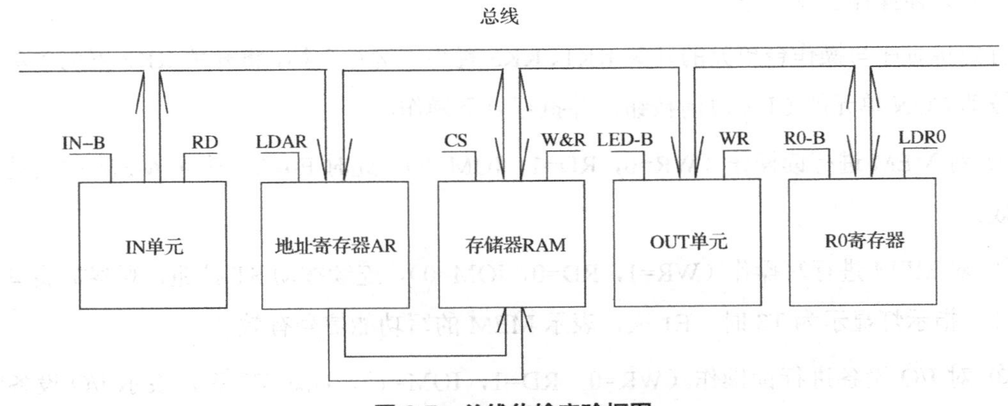

图 2-7　总线传输实验框图

五、实验步骤

1. 读/写控制逻辑设计实验

（1）按图 2-8 所示的实验接线图（一）进行连线，连通无误后接通电源。

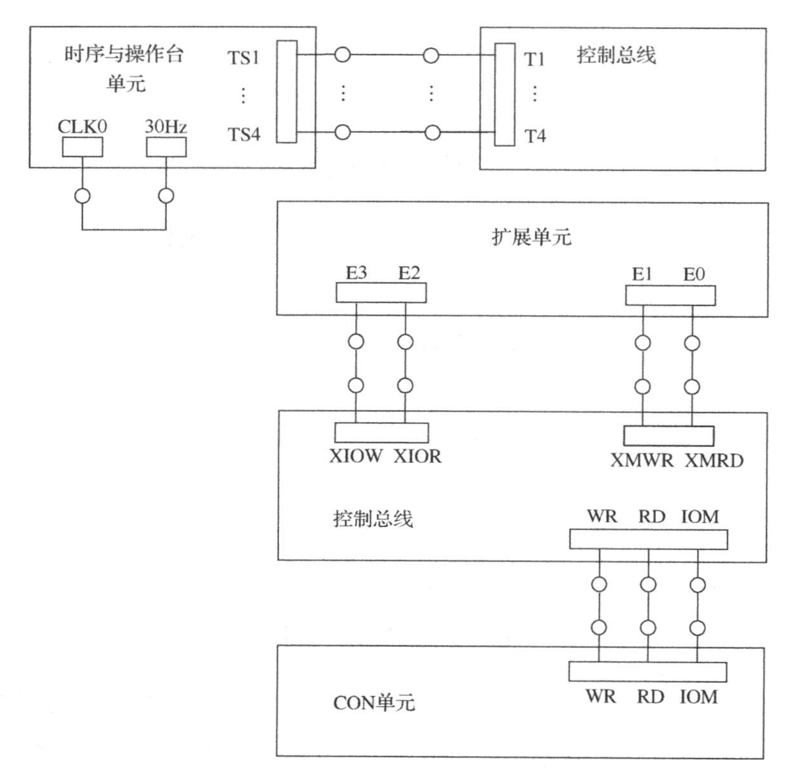

图 2-8 实验接线图（一）

（2）具体操作步骤如下。

首先将时序与操作台单元的开关 KK1、KK3 置为“运行”挡，将开关 KK2 置为“单拍”挡，按动 CON 单元的 CLR 总清按钮，并执行以下操作。

① 对 MEM 进行读操作（WR=0，RD=1，IOM=0），此时 E0 灭，表示 MEM 的读功能信号有效。

② 对 MEM 进行写操作（WR=1，RD=0，IOM=0），连续按动 ST 按钮，观察扩展单元的指示灯，指示灯显示为 T3 时，E1 灭，表示 MEM 的写功能信号有效。

③ 对 I/O 设备进行读操作（WR=0，RD=1，IOM=1），此时 E2 灭，表示 I/O 设备的读功能信号有效。

④ 对 I/O 设备进行写操作（WR=1，RD=0，IOM=1），连续按动 ST 按钮，观察扩展单元的指示灯，指示灯显示为 T3 时，E3 灭，表示 I/O 设备的写功能信号有效。

2. 通用寄存器的总线接口实验

（1）按图 2-9 所示的实验接线图（二）进行连线，连通无误后接通电源。

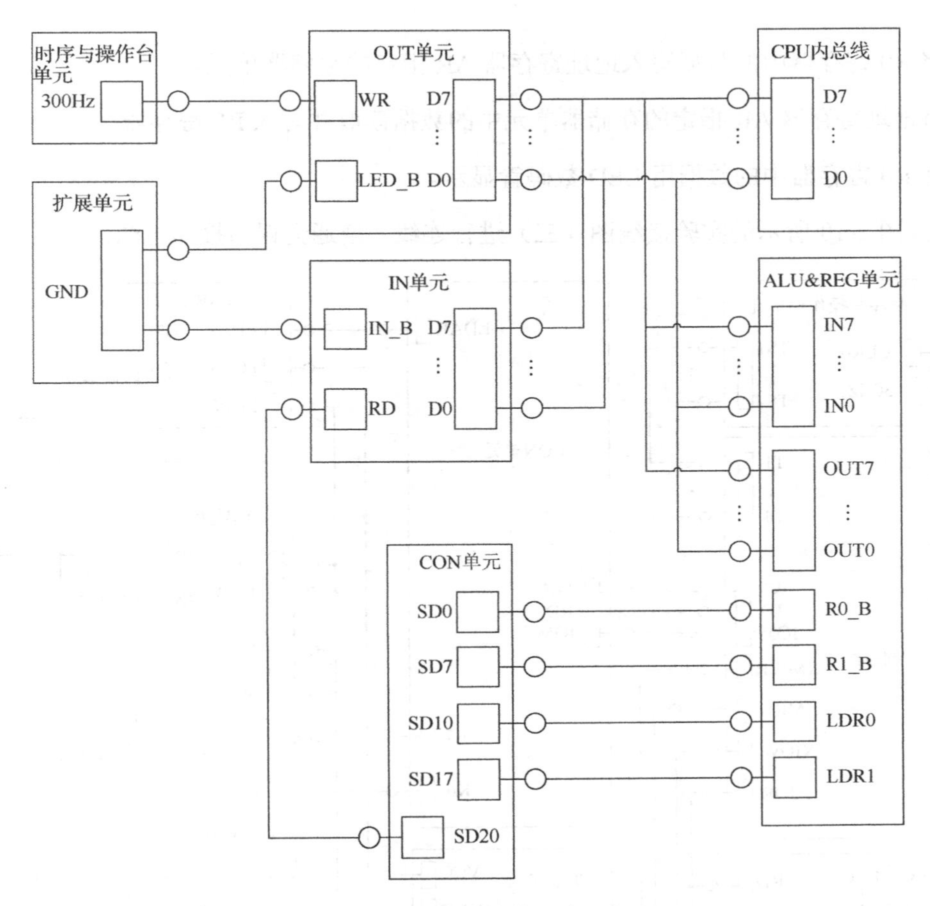

图 2-9 实验接线图（二）

（2）具体操作步骤如下。

① 对 R0 进行写操作（SD0=0，SD7=0，SD10=1，SD17=0，SD20=1），观察 CPU 内总线 LED 灯及 OUT 单元数字显像管的数据。

② 将 IN 单元、R0 与 CPU 内总线断开（SD10=0，SD20=0），观察 CPU 内总线 LED 灯及 OUT 单元数字显像管的数据。

③ 对 R1 进行写操作（SD0=1，SD7=0，SD10=0，SD17=1），观察 CPU 内总线 LED 灯及 OUT 单元数字显像管的数据。

④ 对 R1 进行读操作（SD0=0，SD7=1，SD10=0，SD17=0），观察 CPU 内总线 LED 灯及 OUT 单元数字显像管的数据。

3. 基本 I/O 功能的总线接口实验

（1）根据挂接在总线上的基本部件，设计一个简单的流程。

① 通过输入设备将数据写入 R0 寄存器。

② 将 R0 寄存器中的数据写入地址寄存器 AR 指定的存储器单元。

③ 将地址寄存器 AR 指定的存储器单元中的数据读取并写入 R0 寄存器。

④ 将 R0 寄存器中的数据用 LED 数码管显示。

（2）按图 2-10 所示的实验接线图（三）进行连线，连通无误后接通电源。

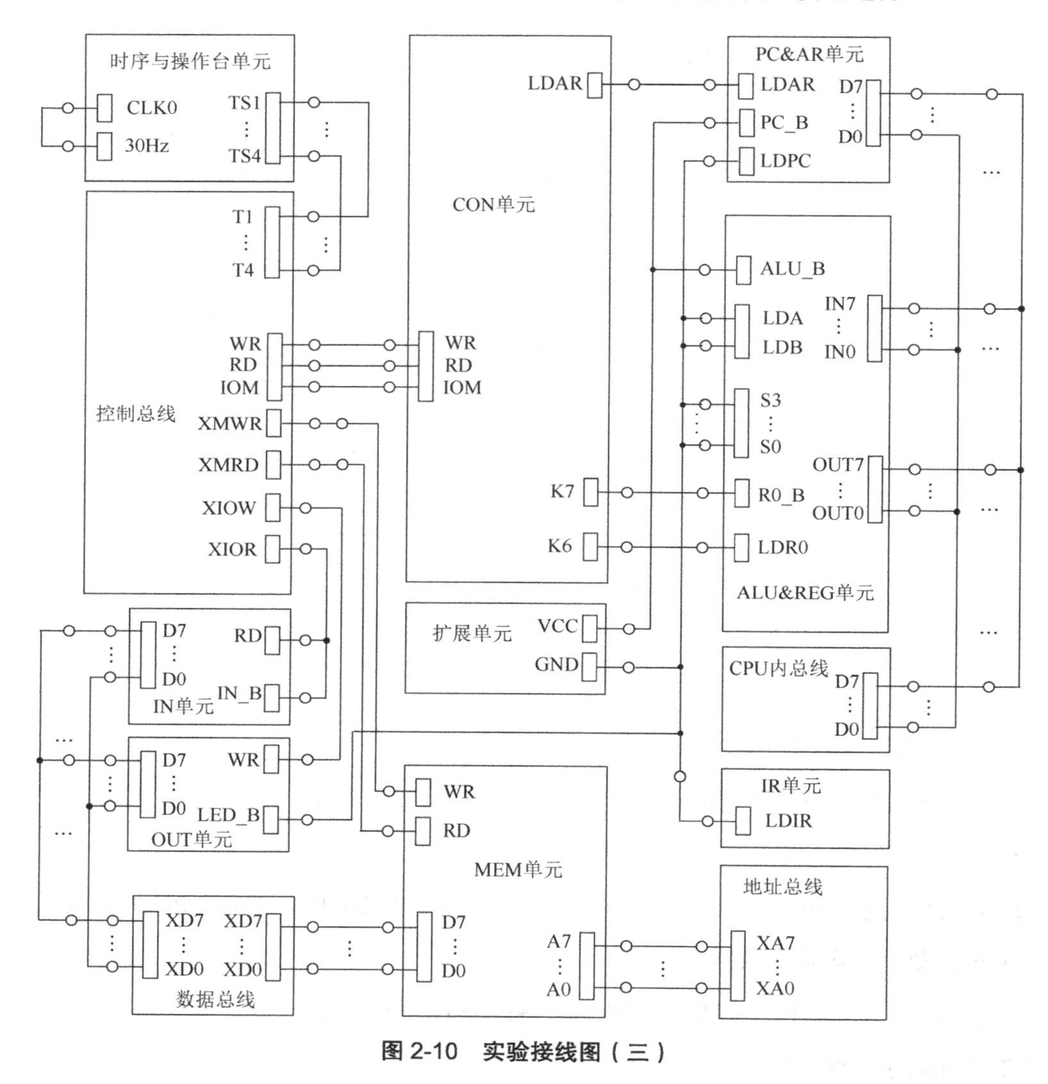

图 2-10 实验接线图（三）

（3）具体操作步骤如下。

进入软件界面，选择菜单命令“实验”→“简单模型机”，打开简单模型机实验数据通路图。

将时序与操作台单元的开关 KK1、KK3 置为“运行”挡，将开关 KK2 置为“单拍”挡，将 CON 单元所有开关置为 0（由于总线具有总线竞争报警功能，在操作过程中应当先关闭应关闭的输出开关，再打开应打开的输出开关，否则总线竞争可能会导致实验出错），按动CON单元的CLR总清按钮，然后通过运行程序在数据通路图中观测程序的执行过程。

① 通过输入设备将数据写入R0寄存器。

将IN单元设置为待写入的数据00010001，将K7置为1，关闭R0寄存器的输出功能；将K6置为1，打开R0寄存器的输入功能；将WR、RD、IOM分别置为0、1、1，对IN单元进行读操作；将LDAR置为0，关闭地址寄存器AR的输入功能。连续单击四次图形界面上的“单节拍运行”按钮（运行一个机器周期），观察图形界面，在T4时刻完成对R0寄存器的写入操作。

② 将R0寄存器中的数据写入地址寄存器AR指定的存储器单元。

将IN单元设置为待访问的存储器地址00000001（或其他数值），将K7置为1，关闭R0寄存器的输出功能；将K6置为0，关闭R0寄存器的输入功能；将WR、RD、IOM分别置为0、1、1，对IN单元进行读操作；将LDAR置为1，打开地址寄存器AR的输入功能。连续单击四次图形界面上的“单节拍运行”按钮，观察图形界面，在T3时刻完成对地址寄存器AR的写入操作。

先将WR、RD、IOM分别置为1、0、0，对存储器进行写操作；再把K7置为0，打开R0寄存器的输出功能；将K6置为0，关闭R0寄存器的输入功能；将LDAR置为0，关闭地址寄存器AR的输入功能。连续单击四次图形界面上的“单节拍运行”按钮，观察图形界面，在T3时刻将R0寄存器的数据写入地址寄存器AR指定的存储器单元，完成对存储器的写入操作。

③ 将地址寄存器AR指定的存储器单元中的数据读取并写入R0寄存器。

将IN单元设置为待访问的存储器地址00000001（或其他数值），将K7置为1，关闭R0寄存器的输出功能；将K6置为0，关闭R0寄存器的输入功能；将WR、RD、IOM分别置为0、1、1，对IN单元进行读操作；将LDAR置为1，打开地址寄存器AR的输入功能。连续单击四次图形界面上的“单节拍运行”按钮，观察图形界面，在T3时刻完成对地址寄存器AR的写入操作。

将K7置为1，关闭R0寄存器的输出功能；将K6置为1，打开R0寄存器的输入功能；将WR、RD、IOM分别置为0、1、0，对存储器进行读操作；将LDAR置为0，关闭地址寄存器AR的输入功能。连续单击四次图形界面上的“单节拍运行”按钮，观察图形界面，在T3时刻完成对R0寄存器的写入操作。

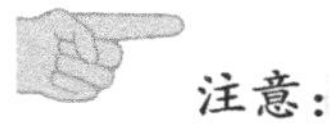

注意：

由于本实验采用的是简单模型机的数据通路图，为了不让悬空的信号引脚影响数据通路图的显示结果，将这些信号引脚置为无效。在接线时为了方便，可以将信号引脚接到 CON 单元闲置的开关上，若开关置为“1”，等效于接到 VCC 上；若开关置为“0”，等效于接到 GND 上。

④ 将 R0 寄存器中的数据用 LED 数码管显示。

将 K7 置为 0，打开 R0 寄存器的输出功能；将 K6 置为 0，关闭 R0 寄存器的输入功能；将 LDAR 置为 0，关闭地址寄存器 AR 的输入功能；将 WR、RD、IOM 分别置为 1、0、1，对 OUT 单元进行写操作。该操作不依赖系统时钟。

整体流程图如图 2-11 所示。

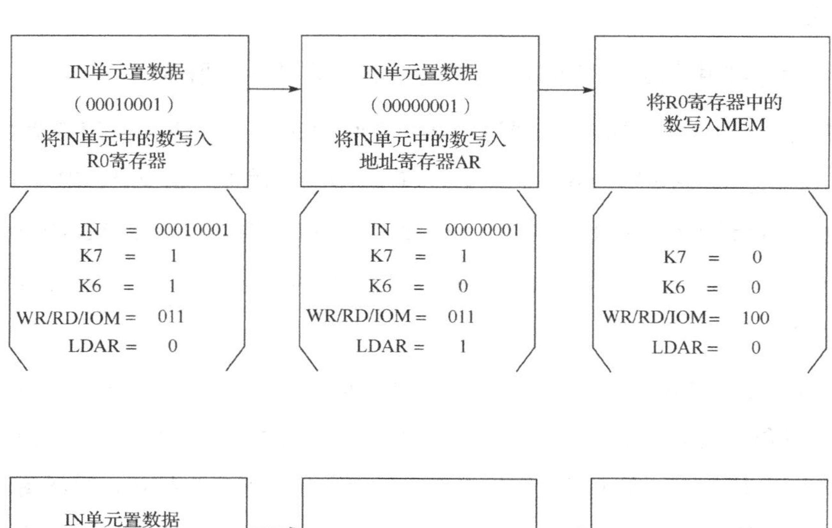

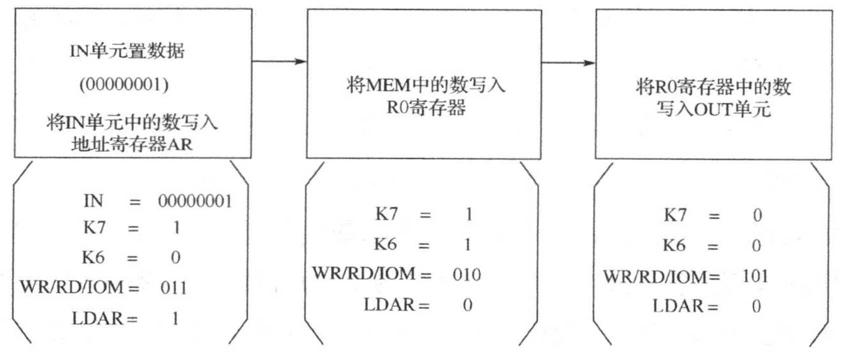

图 2-11 整体流程图

六、实验思考

（1）IOM 的作用是什么？它是低电平有效，还是高电平有效，还是两种电平都有效？

（2）假如 MEM 和 I/O 设备没有采用各自独立的读/写控制信号（MEM_WR、MEM_RD、IO_WR、IO_RD），会有哪些好处和坏处？

（3）总线能否存储数据？当没有单元向总线发送数据时，总线内容是什么？

（4）寄存器的存储容量为多大？如何控制其数据读/写操作？

2.3 静态随机存储器读/写实验

一、实验目的

掌握静态随机存储器（SRAM）的工作特性及数据的读/写方法。

二、实验设备

（1）计算机一台。

（2）TD-CMA 实验系统一套。

三、预习要求

（1）阅读本实验教程及相关参考教材。

（2）学习 2.1 节 TD-CMA 实验系统认识实验的内容。

（3）了解本书附录 B 中各单元接口的有效状态。

四、实验原理

实验所用的静态随机存储器由一片 SRAM 6116（2KB×8bit）构成（位于 MEM 单元），如图 2-12 所示。

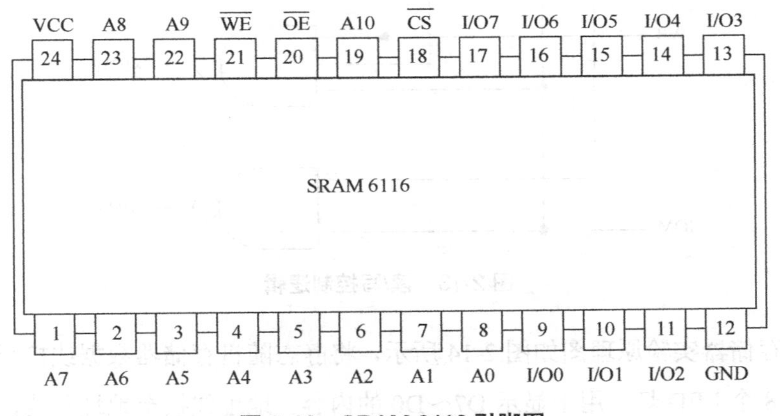

图 2-12 SRAM 6116 引脚图

SRAM 6116 有三个控制信号：$\overline{CS}$（片选信号）、$\overline{OE}$（读信号）、$\overline{WE}$（写信号），SRAM 6116 功能表如表 2-2 所示，当$\overline{CS}$=0 时，片选有效；当$\overline{OE}$=0 时，进行读操作；当$\overline{WE}$=0 时，进行写操作。在本实验中，$\overline{CS}$常接地。

表 2-2　SRAM 6116 功能表

$\overline{CS}$	$\overline{WE}$	$\overline{OE}$	功　能
1	×	×	不选择
0	1	0	读
0	0	1	写
0	0	0	写

注：表中的“×”表示任意态。

由于主存储器（MEM）最终要挂接到 CPU 上，所以它还需要一个读/写控制逻辑，使得 CPU 能控制 MEM 的读/写，读/写控制逻辑如图 2-13 所示，T3 可以保证 MEM 的写脉宽与 T3 一致，T3 由时序与操作台单元的 TS3 给出。IOM 用来选择是对 I/O 设备还是对 MEM 进行读/写操作。当 IOM=0 时对 MEM 进行操作，当 RD=1 时为读（此时连接到$\overline{OE}$引脚的 XMRD=0），当 WR=1 时为写（此时 XMWR=0）。

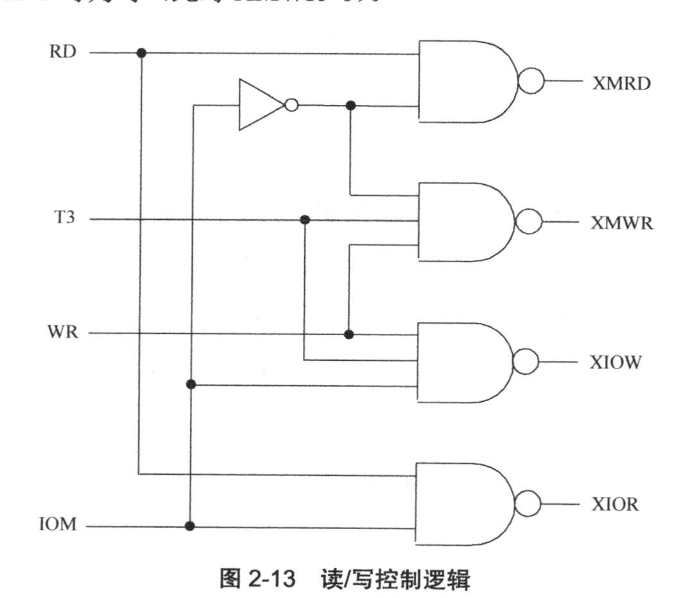

图 2-13　读/写控制逻辑

静态随机存储器实验原理图如图 2-14 所示，将静态随机存储器数据线接至数据总线，数据总线上接有 8 个 LED 灯，用于显示 D7～D0 的内容。地址线接至地址总线，地址总线上接有 8 个 LED 灯，用于显示 A7～A0 的内容，地址由地址锁存器（74LS273，位于 PC&AR 单元）给出。数据开关（位于 IN 单元）经一个三态门（74LS245）连至数据总线，分时给出地址和数据。地址寄存器为 8 位，接入 SRAM 6116 的地址 A7～A0，SRAM 6116 的高三位地址 A10～A8 接地，所以其实际容量为 256KB。

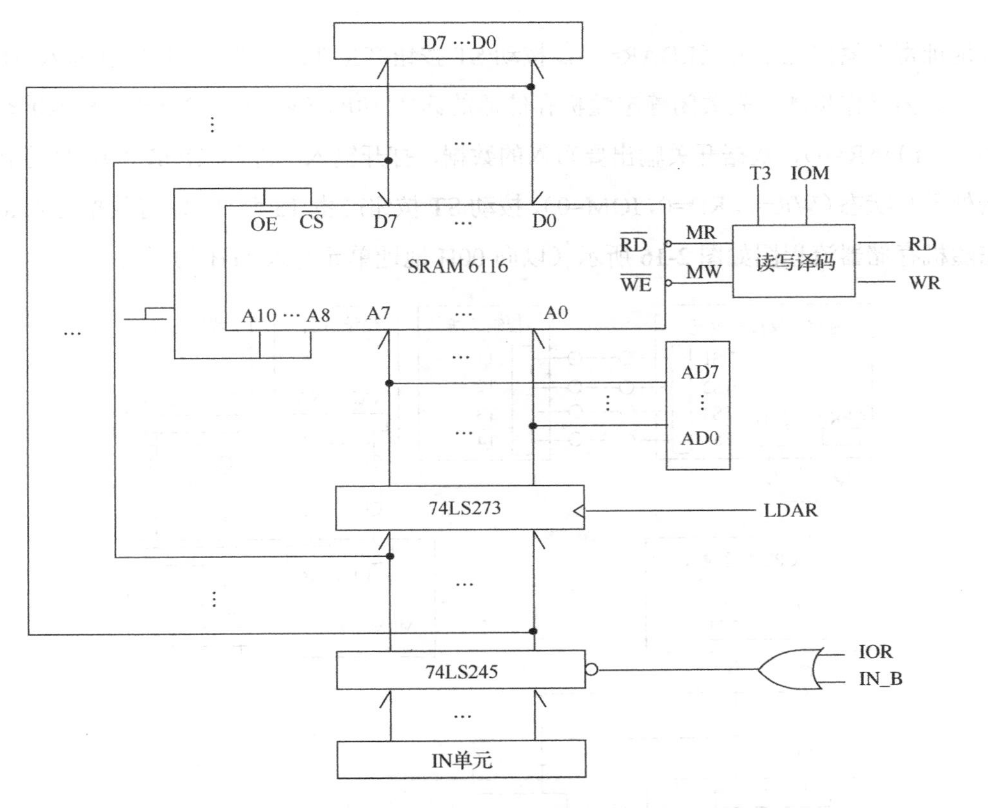

图 2-14　静态随机存储器实验原理图

实验箱中所有单元的时序都连接至时序与操作台单元，CLR 连接至 CON 单元的 CLR 总清按钮。实验时 T3 由时序与操作台单元给出，其余信号由 CON 单元的二进制开关模拟给出，其中 IOM 应为低电平（MEM 操作），RD、WR 为高电平有效，MR 和 MW 为低电平有效，LDAR 为高电平有效。

五、实验步骤

（1）按图 2-15 所示的实验接线图进行连线，连通无误后接通电源。

（2）将时序与操作台单元的开关 KK1、KK3 置为“运行”挡，将开关 KK2 置为“单步”挡。

（3）将 CON 单元的 IOR 开关置为 1（使 IN 单元无输出），打开电源开关，如果听到“嘀”报警声，说明有总线竞争现象，应立即关闭电源，重新检查接线，直至错误排除。

（4）在静态随机存储器的 00H、01H、02H、03H、04H 地址单元分别写入数据 11H、12H、13H、14H、15H。由前面的静态随机存储器实验原理图（见图 2-14）可以看出，由于数据和地址由同一个数据开关给出，所以数据和地址要分时写入，先写地址，具体操作步骤：先关闭静态随机存储器的读/写功能（WR=0，RD=0），并将数据开关打至输出地址（IOR=0），然后打开地址寄存器门控信号（LDAR=1），按动 ST 按钮产生 T3 脉冲，即将地址写入 AR。再写数据，具体操作步骤：先关闭静态随机存储器的读/写功能（WR=0，RD=0）和地址寄存器门控信号（LDAR=0），数据开关输出要写入的数据，打开输入三态门（IOR=0），使静态随机存储器处于写状态（WR=1，RD=0，IOM=0），按动 ST 按钮产生 T3 脉冲，即将数据写入 MEM。写静态随机存储器流程图如图 2-16 所示（以向 00H 地址单元写入 11H 为例）。

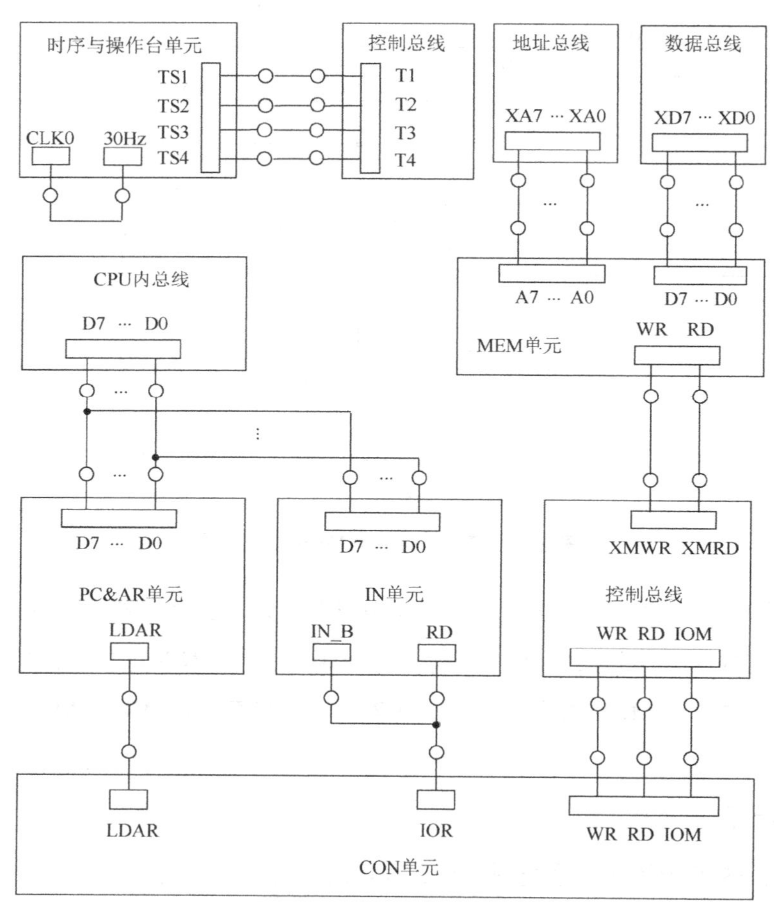

图 2-15　实验接线图

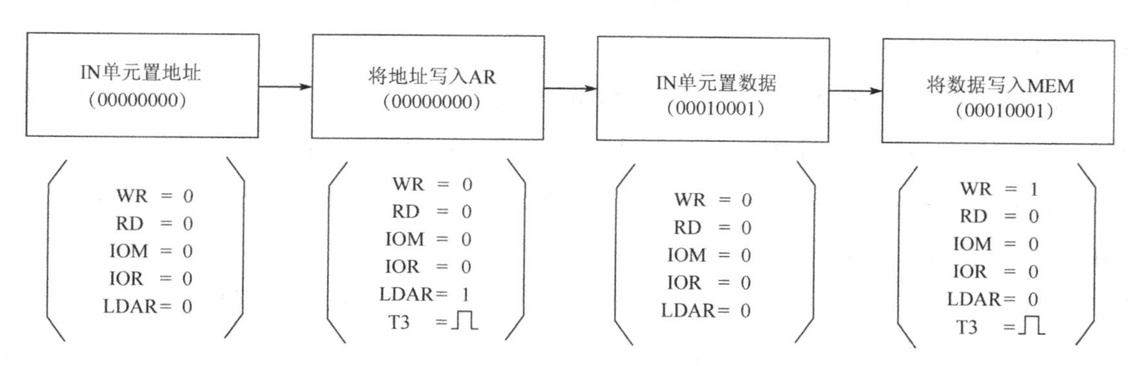

图 2-16　写静态随机存储器流程图

（5）依次读出 00H、01H、02H、03H、04H 地址单元的内容，观察上述各单元的内容是否与前面写入的数据一致。读操作与写操作类似，也要先给出地址，再进行读操作，地址的给出和前面一样。在进行读操作时，应先关闭 IN 单元的输出功能（IOR=1），然后使静态随机存储器处于读状态（WR=0，RD=1，IOM=0），此时数据总线上的数就是从静态随机存储器当前地址读出的数据内容。读静态随机存储器流程图如图 2-17 所示（以从 00H 地址单元读出 11H 为例）。

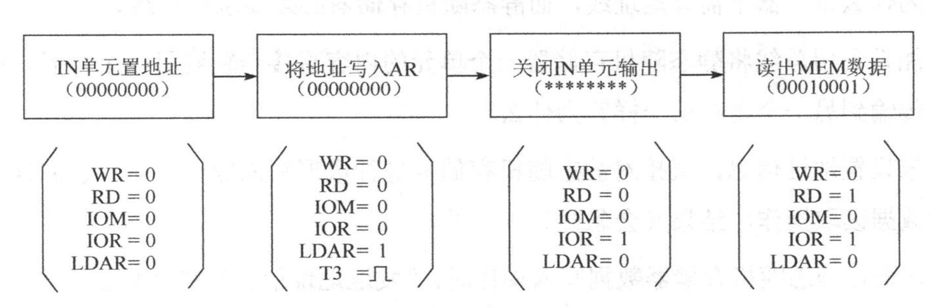

图 2-17　读静态随机存储器流程图

如果实验箱和计算机联机操作，则可以通过软件中的数据通路图来观测实验结果：打开软件，选择联机软件的“实验”→“存储器实验”命令，打开存储器实验的数据通路图，如图 2-18 所示。

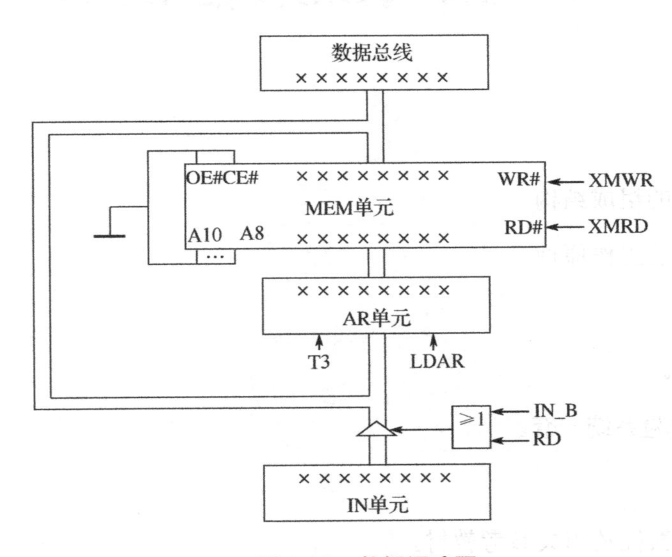

图 2-18　数据通路图

进行上述手动操作，每按动一次 ST 按钮，数据通路图都会有数据流动，反映当前静态随机存储器所进行的操作（即使是对静态随机存储器进行读操作，也应按动一次 ST 按钮，数据通路图才会有数据流动），或在软件中选择“调试”→“单周期”命令，其作用相当于将时序与操作台单元的状态开关置为“单步”挡后按动了一次 ST 按钮，数据通路图也会反映当前静态随机存储器所进行的操作，借助数据通路图，仔细分析静态随机存储器的读/写过程。

六、实验思考

（1）实验中的静态随机存储器的存储容量有多大？其容量相当于多少个寄存器？如果每个存储单元都采用寄存器数据读/写方式，那么需要多少组读/写控制信号？

（2）为什么寄存器不需要地址线，而静态随机存储器必须要求地址线？

（3）能否利用总线将静态随机存储器一个单元的内容直接传输到另一个单元，就像从一个寄存器传输到另一个寄存器一样？为什么？

（4）未设置地址信息，直接对静态随机存储器进行数据写入操作，结果会怎样？反之，直接进行数据读取操作，结果又会怎样？

（5）在进行静态随机存储器数据写入操作时，“发送地址信息”和“发送数据信息”的先后顺序有没有影响？为什么？

2.4　算术逻辑运算实验

一、实验目的

（1）了解运算器的组成结构。

（2）掌握运算器的工作原理。

二、实验设备

（1）计算机一台。

（2）TD-CMA 实验系统一套。

三、预习要求

（1）阅读本实验教程及相关参考教材。

（2）学习 2.1 节 TD-CMA 实验系统认识实验的内容。

（3）了解本书附录 B 中各单元接口的有效状态。

四、实验原理

运算器原理图如图 2-19 所示。

运算器内部含有三个独立运算部件，分别为算术运算部件、逻辑运算部件和移位运算部件，运算器要处理的数据存于暂存器A和暂存器B中，三个部件同时接收来自暂存器A和暂存器B的数据（有些处理器体系结构把移位运算部件放于算术运算部件和逻辑运算部件之前，如ARM），各部件对数据进行何种运算由控制信号S3～S0和CN决定，任何时候，多路选择开关只选择三个部件中的一个部件的结果作为ALU的输出。如果是影响进位的运算，还需设置进位标志FC，同时，在运算结果输出前，设置零标志FZ。ALU中所有单元都集成在一片预编程芯片中。

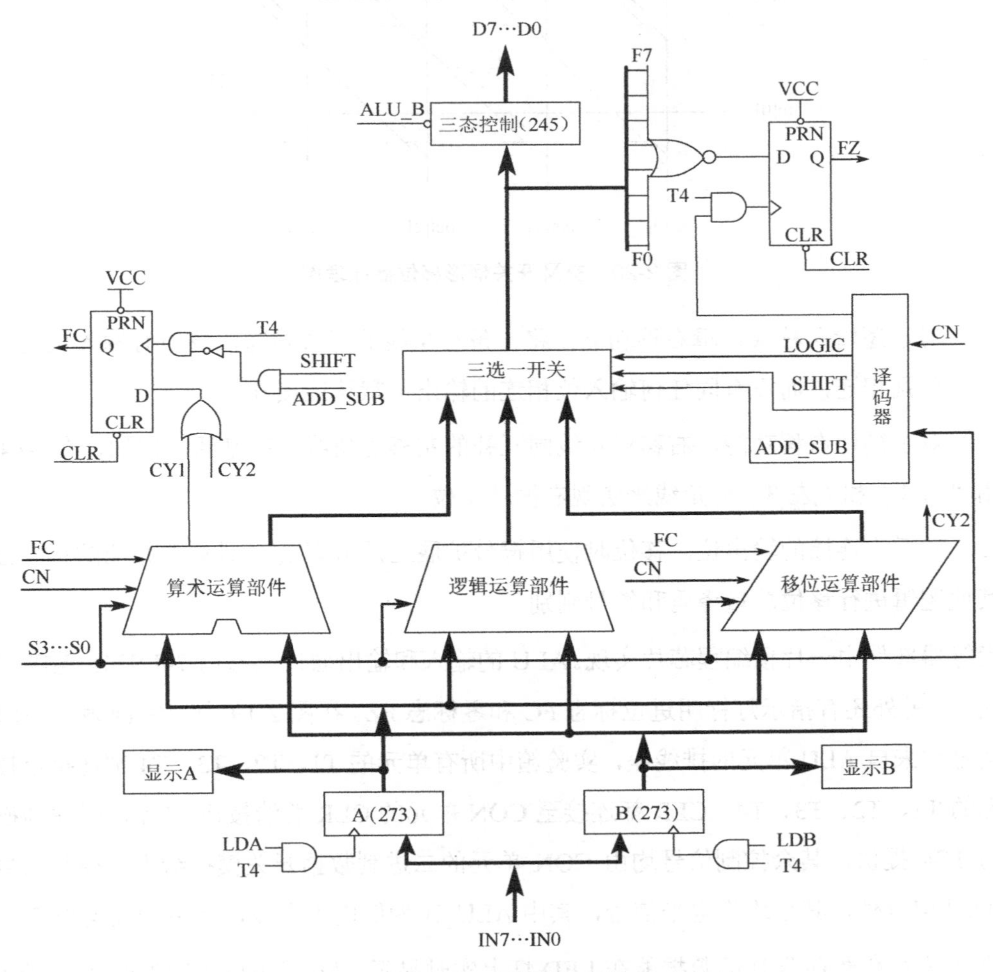

图2-19 运算器原理图

逻辑运算部件由逻辑门构成，较为简单，而后面还有专门的算术运算部件设计实验，此处不再对这两个部件进行赘述。移位运算部件采用的是桶形移位器，一般采用交叉开关矩阵的形式来实现，交叉开关桶形移位器原理图如图2-20所示。图2-20中显示的是一个4×4的矩阵（系统中是一个8×8的矩阵）。每一个输入位都通过开关与一个输出位相连，导通沿对角线的开关，就能实现移位功能。

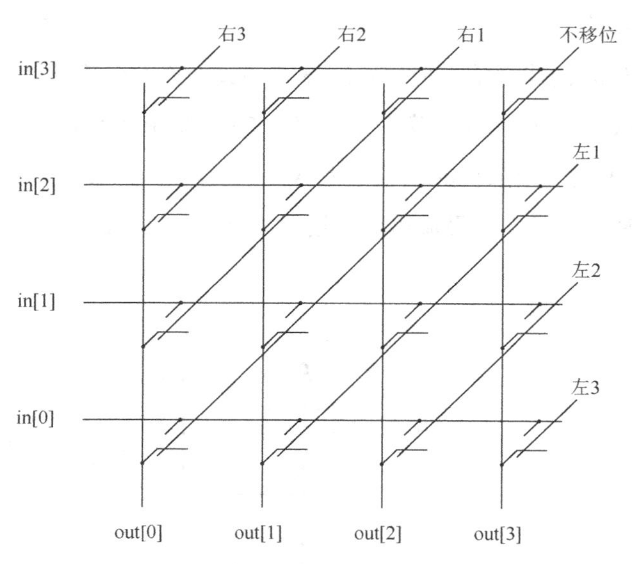

图 2-20　交叉开关桶形移位器原理图

（1）对于逻辑左移或逻辑右移功能，将一条对角线的开关导通，将所有输入位与所使用的输出位分别相连，而没有同任何输入位相连的输出位默认连接 0。

（2）对于循环右移功能，右移对角线同互补的左移对角线一起激活。例如，在 4×4 矩阵中使用“右 1”和“左 3”对角线来实现右循环 1 位。

（3）对于未连接的输出位，移位时使用符号扩展还是 0 填充，具体由相应的指令控制。使用其他逻辑进行移位总量译码和符号判别。

运算器部件由一片预编程芯片实现。ALU 的输入和输出通过三态门 74LS245 连接到 CPU 内总线上，另外还有指示灯标明进位标志 FC 和零标志 FZ。在图 2-19 中，除 T4 和 CLR 以外，其余信号均来自 ALU 单元的排线座，实验箱中所有单元的 T1、T2、T3、T4 都连接至控制总线单元的 T1、T2、T3、T4，CLR 都连接至 CON 单元的 CLR 总清按钮。T4 由时序与操作台单元的 TS4 提供，其余控制信号均由 CON 单元的二进制数据开关模拟给出。控制信号中除 T4 为脉冲信号外，其余均为电平信号，其中 ALU_B 为低电平有效，其余为高电平有效。

暂存器 A 和暂存器 B 的数据能在 LED 灯上实时显示，A0 显示原理图如图 2-21 所示（以 A0 为例，其他相同）。进位标志 FC、零标志 FZ 和数据总线 D7～D0 的显示原理也是如此。

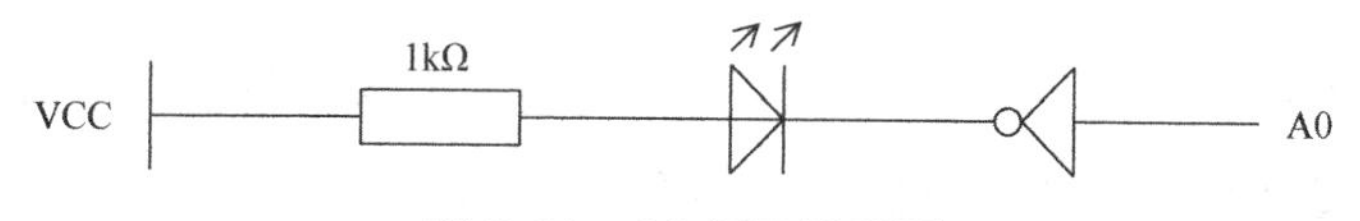

图 2-21　A0 显示原理图

ALU 和外围电路连接原理图如图 2-22 所示。

运算器逻辑功能表如表 2-3 所示，其中 S3～S0 和 CN 为控制信号，FC 为进位标志，FZ 为运算器零标志，功能栏内的 FC、FZ 表示当前运算会影响到该标志。

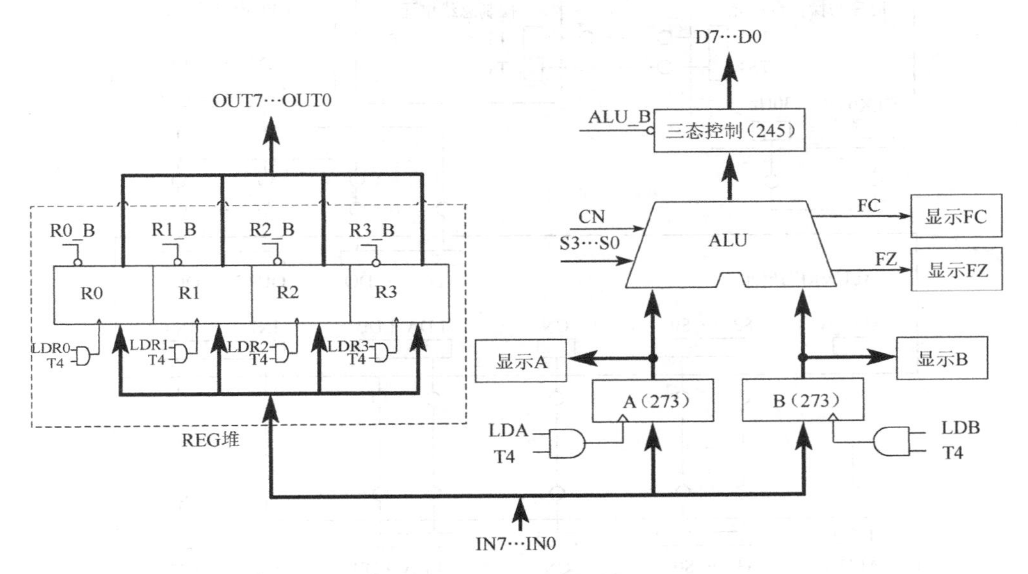

图 2-22 ALU 和外围电路连接原理图

表 2-3 运算器逻辑功能表

运算类型	S3～S0	CN	功能
逻辑运算	0000	×	F=A（直通）
	0001	×	F=B（直通）
	0010	×	F=AB（逻辑“与”操作） （FZ）
	0011	×	F=A+B（逻辑“或”操作） （FZ）
	0100	×	F= $\overline{A}$ （逻辑“非”操作） （FZ）
移位运算	0101	×	F=A 不带进位循环右移 B（取低 3 位）位 （FZ）
	0110	0	F=A 逻辑右移一位 （FZ）
		1	F=A 带进位循环右移一位 （FC，FZ）
	0111	0	F=A 逻辑左移一位 （FZ）
		1	F=A 带进位循环左移一位 （FC，FZ）
算术运算	1000	×	置 FC=CN （FC）
	1001	×	F=A+B （FC，FZ）
	1010	×	F=A+B+FC （FC，FZ）
	1011	×	F=A−B （FC，FZ）
	1100	×	F=A−1 （FC，FZ）
	1101	×	F=A+1 （FC，FZ）
	1110	×	（保留）
	1111	×	（保留）

注：表中“×”为任意态。

五、实验步骤

（1）按图 2-23 所示的实验接线图进行连线，连通无误后接通电源。

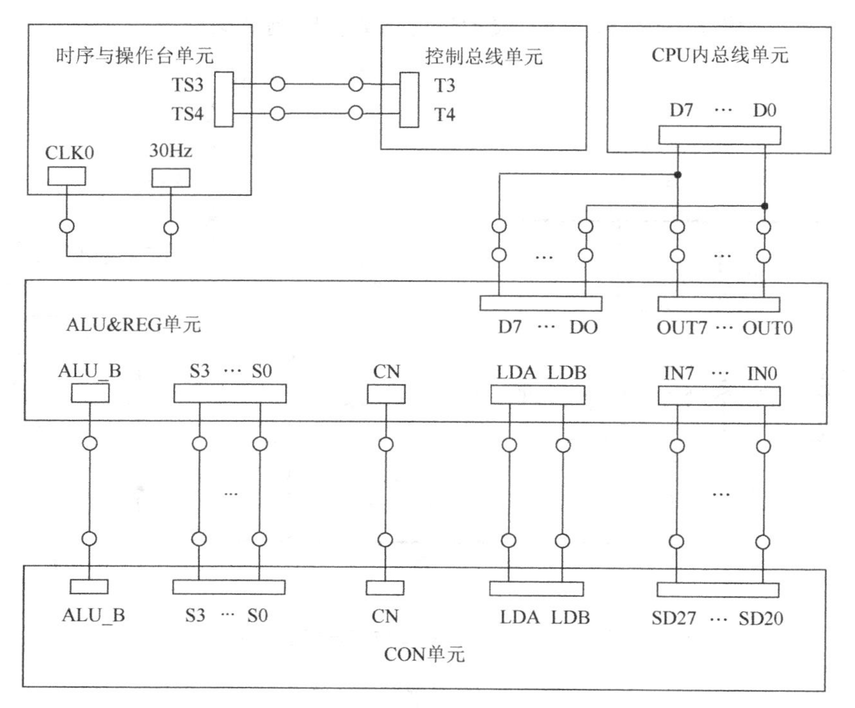

图 2-23 实验接线图

（2）将时序与操作台单元的开关 KK2 置为“单拍”挡，开关 KK1、KK3 置为“运行”挡。

（3）打开电源开关，如果听到“嘀”报警声，说明有总线竞争现象，应立即关闭电源，重新检查接线，直至错误排除。然后按动 CON 单元的 CLR 总清按钮，将运算器的暂存器 A、暂存器 B，以及 FC、FZ 清零。

（4）用输入开关向暂存器 A 置数。

① 拨动 CON 单元的 SD27～SD20 数据开关，形成二进制数 01100101（或其他数值），数据显示亮为“1”，灭为“0”。

② 置 LDA=1，LDB=0，连续按动时序与操作台单元的 ST 按钮，产生一个 T4 上升沿，则将二进制数 01100101 置入暂存器 A，暂存器 A 的值通过 ALU 单元的 A7～A0 八位 LED 灯显示。

（5）用输入开关向暂存器 B 置数。

① 拨动 CON 单元的 SD27～SD20 数据开关，形成二进制数 10100111（或其他数值）。

② 置 LDA=0，LDB=1，连续按动时序与操作台单元的 ST 按钮，产生一个 T4 上升沿，

则将二进制数 10100111 置入暂存器 B，暂存器 B 的值通过 ALU 单元的 B7～B0 八位 LED 灯显示。

（6）改变运算器的功能设置，观察运算器的输出。置 ALU_B=0、LDA=0、LDB=0，然后按表 2-4 设置 S3、S2、S1、S0 和 CN 的数值，并观察数据总线 LED 灯显示的结果。如分别置 S3～S0 为 0010，运算器进行逻辑“与”运算，分别置 S3～S0 为 1001，运算器进行加法运算。

表 2-4　运算结果表

运算类型	A	B	S3～S0	CN	结　果
逻辑运算	65	A7	0000	×	F=（ 65） FC=（　） FZ=（　）
	65	A7	0001	×	F=（ A7） FC=（　） FZ=（　）
			0010	×	F=（　） FC=（　） FZ=（　）
			0011	×	F=（　） FC=（　） FZ=（　）
			0100	×	F=（　） FC=（　） FZ=（　）
移位运算			0101	×	F=（　） FC=（　） FZ=（　）
			0110	0	F=（　） FC=（　） FZ=（　）
				1	F=（　） FC=（　） FZ=（　）
移位运算			0111	0	F=（　） FC=（　） FZ=（　）
				1	F=（　） FC=（　） FZ=（　）
算术运算			1000	×	F=（　） FC=（　） FZ=（　）
			1001	×	F=（　） FC=（　） FZ=（　）
			1010（FC=0）	×	F=（　） FC=（　） FZ=（　）
			1010（FC=1）	×	F=（　） FC=（　） FZ=（　）
			1011	×	F=（　） FC=（　） FZ=（　）
			1100	×	F=（　） FC=（　） FZ=（　）
			1101	×	F=（　） FC=（　） FZ=（　）

注：表中“×”为任意态。

如果实验箱和计算机联机操作，则可通过软件中的数据通路图来观测实验结果（软件使用说明可参看软件系统帮助）：打开软件，选择联机软件的“实验”→“运算器实验”命令，打开运算器实验的数据通路图，如图 2-24 所示。进行上述手动操作，每按动一次 ST 按钮，数据通路图都会有数据流动，反映当前运算器所进行的操作，或在软件中选择“调试”→“单节拍”命令，其作用相当于将时序与操作台单元的状态开关 KK2 置为“单拍”挡后按动了一次 ST 按钮，数据通路图也会反映当前运算器所进行的操作。

重复上述操作，并填写完成表 2-4。然后改变 A、B 的值，验证 FC、FZ 的锁存功能。

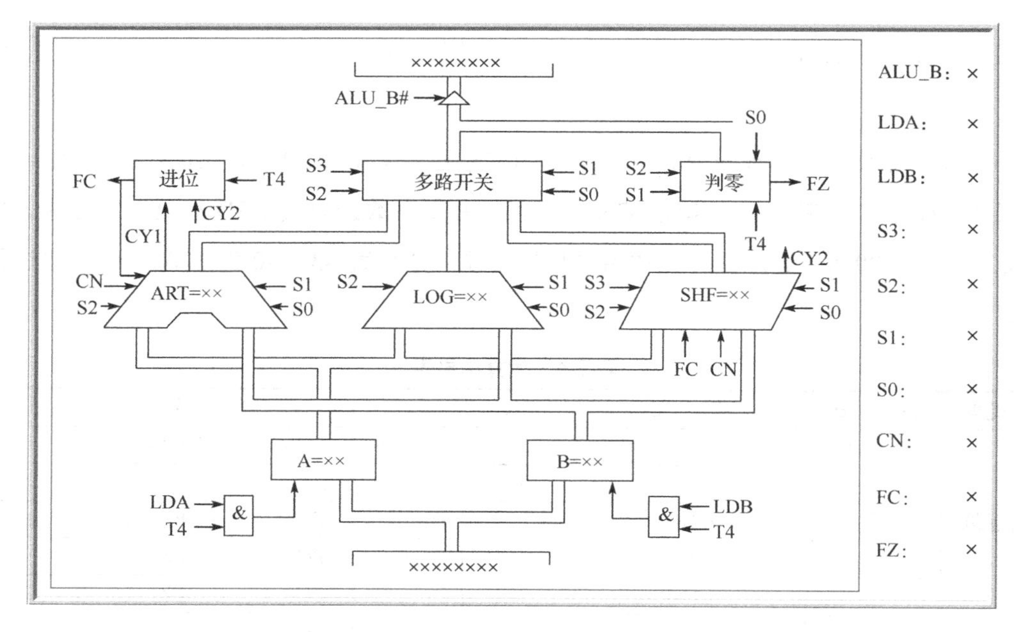

图 2-24　数据通路图

六、实验思考

（1）运算器中暂存器 A 和暂存器 B 的数据在什么时候写入？暂存器 A 和暂存器 B 中的内容会被运算过程影响，还是一直保持不变？

（2）选择好 S0～S3 之后，需要如何“启动”运算？

（3）循环左移和逻辑左移有什么不同？带进位循环左移呢？

（4）逻辑右移和算术右移有什么不同？如何通过组合现有移位功能实现算术右移？

（5）运算器是 8 位系统，若要实现两个 16 位数加法运算，其步骤是怎样的？

2.5　微程序控制器实验

一、实验目的

（1）掌握微程序控制器的组成原理。

（2）掌握微程序的编制、写入，观察微程序的运行过程。

二、实验设备

（1）计算机一台。

（2）TD-CMA 实验系统一套。

三、预习要求

（1）阅读本实验教程及相关参考教材。

（2）学习 1.3 节指令系统介绍的内容。

（3）学习 2.1 节 TD-CMA 实验系统认识实验的内容。

（4）了解本书附录 B 中各单元接口的有效状态。

四、实验原理

微程序控制器的基本任务是完成当前指令的翻译和执行，即将当前指令的功能转换成可以控制的硬件逻辑部件工作的微命令序列，完成数据传送和各种处理操作。它的执行方法就是对控制各部件动作的微命令的集合进行编码，即仿照机器指令，将微命令的集合用数字代码的形式表示，这种表示称为微指令。这样就可以用一个微指令序列表示一条机器指令，这种微指令序列称为微程序。微程序存储在一种专用的存储器中，称为控制存储器，微程序控制器组成原理框图如图 2-25 所示。

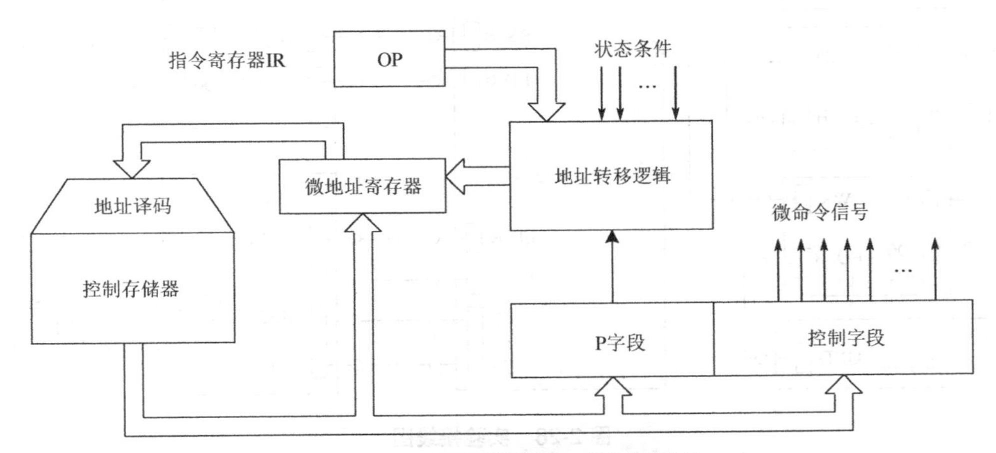

图 2-25 微程序控制器组成原理框图

微程序控制器是严格按照系统时序来工作的，因此时序控制对于微程序控制器的设计是非常重要的，从前面的实验可以很清楚地了解时序电路的工作原理，本实验所用的时序由时序与操作台单元提供，分为四拍 TS1、TS2、TS3、TS4。

微程序控制器的组成见本书附录 A 中的图 A.17，其中控制存储器采用 3 片 2816 的 EEPROM 组成，具有掉电保护功能，微命令寄存器 18 位，包括 P 字段和控制字段，用两片 8D 触发器（74LS273）和一片 4D（74LS175）触发器组成。微地址寄存器 6 位，由 3 片正沿触发的双 D 触发器（74LS245）组成，它们带有清“0”端和预置端。在不进行判别测试的情况下，T2 时刻写入微地址寄存器的内容就是下一条微指令地址。当 T4 时刻进行判别测试时，转移逻辑满足条件后输出的负脉冲通过强置端将某一触发器置为“1”状态，完成地址修改。

五、实验步骤

1. 按图 2-26 所示的实验接线图进行连线

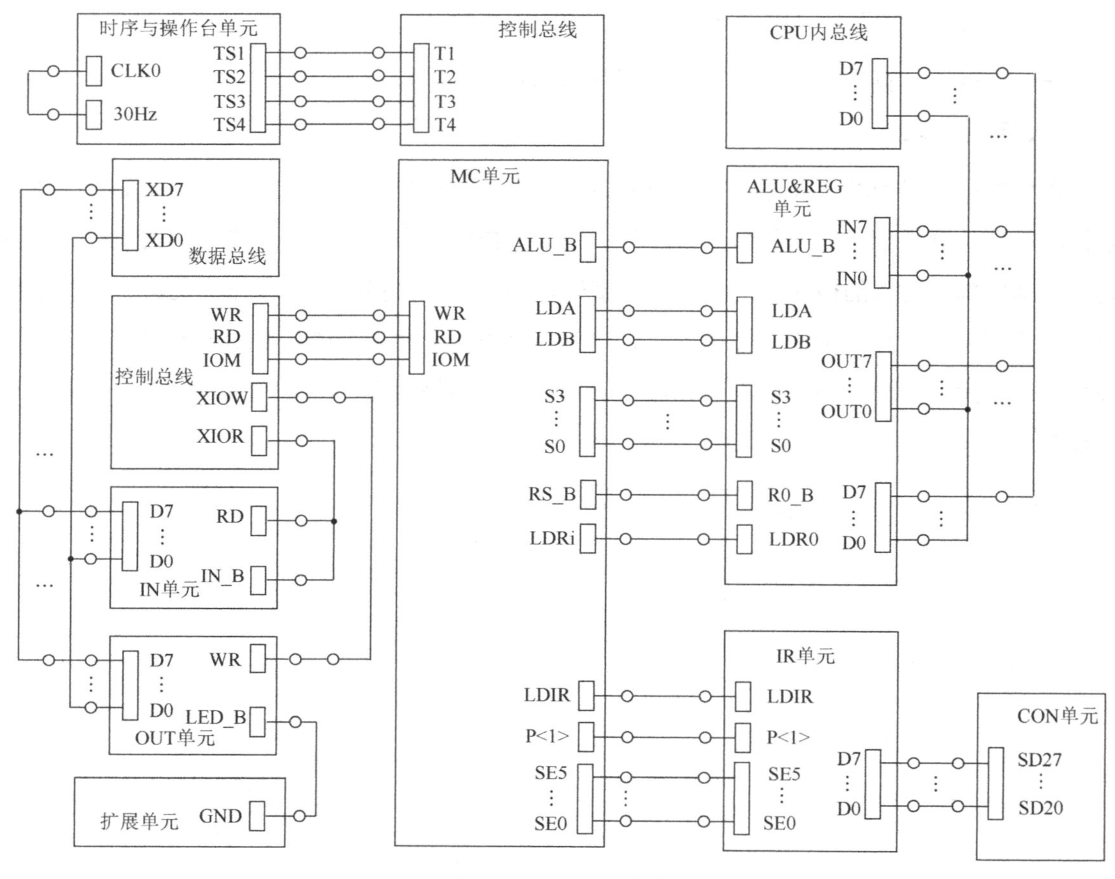

图 2-26　实验接线图

2. 对微程序控制器进行读/写操作

1）手动读/写

（1）手动对微程序控制器进行编程（写）。

① 将时序与操作台单元的开关 KK1 置为“停止”挡，KK3 置为“编程”挡，KK4 置为“控存”挡，KK5 置为“置数”挡。

② 使用 CON 单元的 SD05～SD00 给出微地址，使用 IN 单元给出低 8 位应写入的数据，连续按动两次时序与操作台单元的 ST 按钮，将 IN 单元的数据写入该单元的低 8 位。

③ 将时序与操作台单元的开关 KK5 置为“加 1”挡。

④ IN 单元给出中 8 位应写入的数据，连续两次按动时序与操作台单元的 ST 按钮，将 IN 单元的数据写入该单元的中 8 位。IN 单元给出高 8 位应写入的数据，连续按动两次时序与操作台单元的 ST 按钮，将 IN 单元的数据写入该单元的高 8 位。

⑤ 重复①、②、③、④四步，将如表 2-5 所示的二进制微代码写入 2816 芯片。

表 2-5 二进制微代码

地址	十六进制	高五位	S3～S0	A 字段	B 字段	C 字段	MA5～MA0
00	00 00 01	00000	0000	000	000	000	000001
01	00 70 70	00000	0000	111	000	001	110000
04	00 24 05	00000	0000	010	010	000	000101
05	04 B2 01	00000	1001	011	001	000	000001
30	00 14 04	00000	0000	001	010	000	000100
32	18 30 01	00011	0000	011	000	000	000001
33	28 04 01	00101	0000	000	010	000	000001
35	00 00 35	00000	0000	000	000	000	110101

（2）手动对微程序控制器进行校验（读）。

① 将时序与操作台单元的开关 KK1 置为“停止”挡，KK3 置为“校验”挡，KK4 置为“控存”挡，KK5 置为“置数”挡。

② 使用 CON 单元的 SD05～SD00 给出微地址，连续按动两次时序与操作台单元的 ST 按钮，MC 单元的数据指示灯 M7～M0 显示该单元的低 8 位。

③ 将时序与操作台单元的开关 KK5 置为“加 1”挡。

④ 连续按动两次时序与操作台单元的 ST 按钮，MC 单元的数据指示灯 M15～M8 显示该单元的中 8 位，MC 单元的数据指示灯 M23～M16 显示该单元的高 8 位。

⑤ 重复①、②、③、④四步，完成对微代码的校验。如果校验出微代码写入有误，则重新写入、校验，直至确认微代码写入无误。

2）联机读/写

（1）将微程序写入文件。

联机软件提供了微程序下载功能，以代替手动读/写微程序控制器，但微指令需要以指定的格式写入以“.txt”为后缀的文件，微指令格式如下。

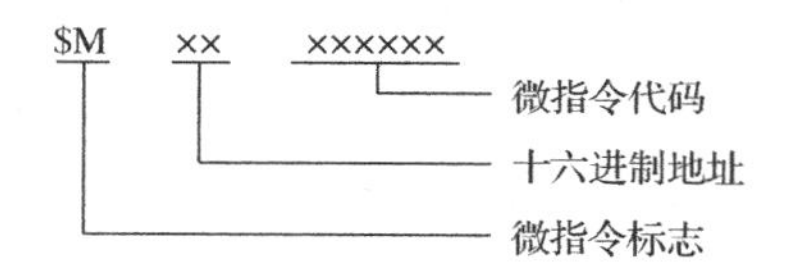

例如，$M 1F 112233 表示微指令的地址为 1FH，微指令值为 11H（高）、22H（中）、33H（低），本次实验的微程序如下，其中分号（;）为注释符，分号后面的内容在下载时将被忽略。

```
; //*************************************** //
; //   微程序控器实验指令文件                 //
; //*************************************** //
; //**** Start Of MicroController Data ****  //
  $M 00 000001    ; NOP
  $M 01 007070    ; CON（INS）→IR, P<1>
  $M 04 002405    ; R0→B
  $M 05 04B201    ; A 加 B→R0
  $M 30 001404    ; R0→A
  $M 32 183001    ; IN→R0
  $M 33 280401    ; R0→OUT
  $M 35 000035    ; NOP
; //***** End Of MicroController Data *****   //
```

（2）写入微程序。

选择联机软件的“转储”→“装载”命令，将该格式的文件（*. txt）装载入 TD-CMA 实验系统。装载过程中，在软件的输出区的“结果”栏会显示装载信息，如当前正在装载的是机器指令，还是微指令，还剩多少条指令等。

（3）校验微程序。

选择联机软件的“转储”→“刷新指令区”命令可以读出下位机所有的机器指令和微指令，并在指令区显示。检查微程序控制器相应地址单元的数据是否和以下十六进制数据相同，如果不同，说明写入操作失败，应重新写入，可以通过联机软件单独修改某个单元的微指令，先单击指令区的微存 TAB 按钮，然后单击需要修改的单元的数据，此时该单元变为编辑框，输入 6 位数据并按回车键，编辑框消失，写入的数据显示红色。

3. 运行微程序

运行微程序也分两种情况：本机运行和联机运行。

1）本机运行

① 将时序与操作台单元的开关 KK1、KK3 置为“运行”挡，按动 CON 单元的 CLR 总清按钮，将微地址寄存器 MAR 清零，同时也将指令寄存器 IR、ALU 单元的暂存器 A 和暂存

器 B 清零。

② 将时序与操作台单元的开关 KK2 置为“单拍”挡，然后按动 ST 按钮，体会系统在 T1、T2、T3、T4 各节拍中做的工作。T2 节拍微程序控制器将后续微地址（下条执行的微指令的地址）写入微地址寄存器，将当前微指令写入微指令寄存器，并产生与执行部件相应的控制信号；T3、T4 节拍根据 T2 节拍产生的控制信号做出相应的执行动作，如果测试位有效，还要根据机器指令及当前微地址寄存器中的内容进行译码，使微程序转入相应的微地址入口，实现微程序的分支。

③ 按动 CON 单元的 CLR 总清按钮，清空微地址寄存器 MAR 等，并将时序与操作台单元的开关 KK2 置为“单步”挡。

④ 置 IN 单元数据为 00100011，按动 ST 按钮，当 MC 单元后续微地址显示为 000001 时，在 CON 单元的 SD27～SD20 中模拟给出 IN 指令 00100000，并继续单步执行，当 MC 单元后续微地址显示为 000001 时，说明当前指令已执行完；在 CON 单元的 SD27～SD20 给出 ADD 指令 00000000，该指令将会在下一个 T3 节拍被写入指令寄存器 IR，它将 R0 寄存器中的数据和自身的数据相加后传送给 R0 寄存器；接下来在 CON 单元的 SD27～SD20 中给出 OUT 指令 00110000，并继续单步执行，当 MC 单元后续微地址显示为 000001 时，检查 OUT 单元的显示值是否为 01000110。

2）联机运行

联机运行时，进入软件界面，在菜单上选择“实验”→“微程序控制器实验”命令，打开本实验的数据通路图（见图 2-27），也可以通过工具栏上的下拉菜单打开数据通路图。

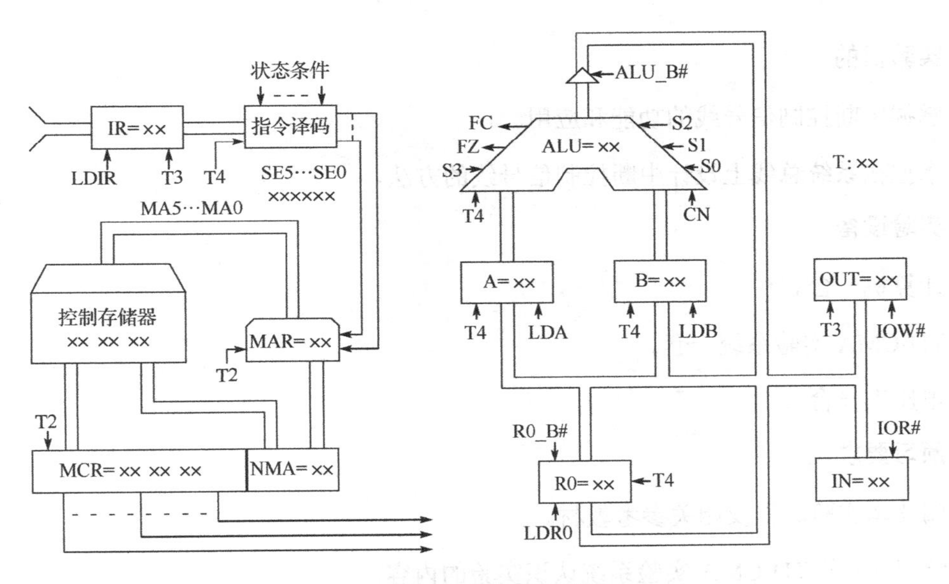

图 2-27 数据通路图

将时序与操作台单元的开关 KK1、KK3 置为“运行”挡，按动 CON 单元的 CLR 总清按钮后，按动软件中的单节拍按钮，当后续微地址（数据通路图中的 MAR）为 000001 时，置 CON 单元为 SD27～SD20，产生相应的机器指令，该机器指令将会在下个 T3 节拍被写入指令寄存器 IR，在后面的节拍中将执行这条机器指令。仔细观察每条机器指令的执行过程，体会后续微地址被强置转换的过程，这是计算机识别和执行指令的基础。也可以打开微程序流程图，跟踪显示每条机器指令的执行过程。

按本机运行的顺序给出数据和指令，检查最后的运算结果是否正确。

六、实验思考

（1）控制存储器和主存储器在操作控制上有哪些不同？有什么本质区别？

（2）控制存储器的一个存储单元包含多少个二进制位？在逻辑上划分为几个字段，各有什么用途？

（3）在编写程序文件时，需要列出每条微指令的存储单元地址，没有在地址列表中列出的存储单元默认内容是什么？这些存储单元对 CPU 运行有没有影响？

（4）单拍、单步、单指令运行有什么区别？

2.6　中断控制实验

一、实验目的

（1）掌握中断控制信号线的功能和应用。

（2）掌握在系统总线上设计中断控制信号线的方法。

二、实验设备

（1）计算机一台。

（2）TD-CMA 实验系统一套。

（3）电压表一台。

三、预习要求

（1）阅读本实验教程及相关参考教材。

（2）学习 2.1 节 TD-CMA 实验系统认识实验的内容。

（3）了解本书附录 B 中各单元接口的有效状态。

四、实验原理

为了实现中断控制，CPU 必须有一个中断使能寄存器，并且可以通过指令对该寄存器进行操作，中断使能寄存器原理图如图 2-28 所示，其中 EI 为中断允许信号，CPU 开中断指令 STI 对其置 1，而 CPU 关中断指令 CLI 对其置 0。当每条指令执行完时，若允许中断，CPU 给出开中断指令 STI，打开中断使能寄存器，EI 有效。EI 再和外部给出的中断请求信号一起参与指令译码，使程序进入中断处理流程。

本实验要求设计的系统总线具备类似 X86 的中断功能，当外部中断请求有效、CPU 允许响应中断时，当前指令执行完后，CPU 将响应中断。当 CPU 响应中断时，会向 8259 发送两个连续的 $\overline{\text{INTA}}$ 信号，请注意，8259 是在接收到第一个 $\overline{\text{INTA}}$ 信号后锁住向 CPU 发送的中断请求信号 INTR（高电平有效），并且在第二个 $\overline{\text{INTA}}$ 信号到达后将其变为低电平（自动 EOI 方式），所以，中断请求信号 IR0 应该维持一段时间，直到 CPU 发送出第一个 $\overline{\text{INTA}}$ 信号，这才是一个有效的中断请求。8259 在收到第二个 $\overline{\text{INTA}}$ 信号后，就会将中断向量号发送至数据总线，CPU 读取中断向量号，并转入相应的中断处理程序。在读取中断向量号时，需要从数据总线向 CPU 传送数据，所以需要设计数据缓冲控制逻辑，在 $\overline{\text{INTA}}$ 信号有效时，允许数据从数据总线流向 CPU。数据缓冲控制原理图如图 2-29 所示，其中，RD 为 CPU 从外部读取数据的控制信号。

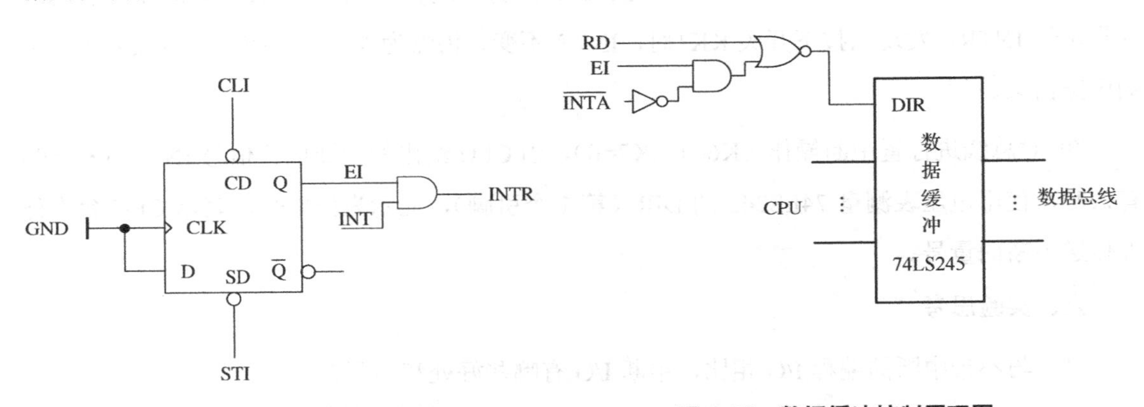

图 2-28　中断使能寄存器原理图　　**图 2-29　数据缓冲控制原理图**

当 CPU 开中断允许信号 STI 有效、关中断允许信号 CLI 无效时，中断标志 EI 有效；当 CPU 开中断允许信号 STI 无效、关中断允许信号 CLI 有效时，中断标志 EI 无效；当 EI 无效时，外部的中断请求信号不能发送给 CPU。

五、实验步骤

（1）按图 2-30 所示的实验接线图进行连线，连通无误后接通电源。

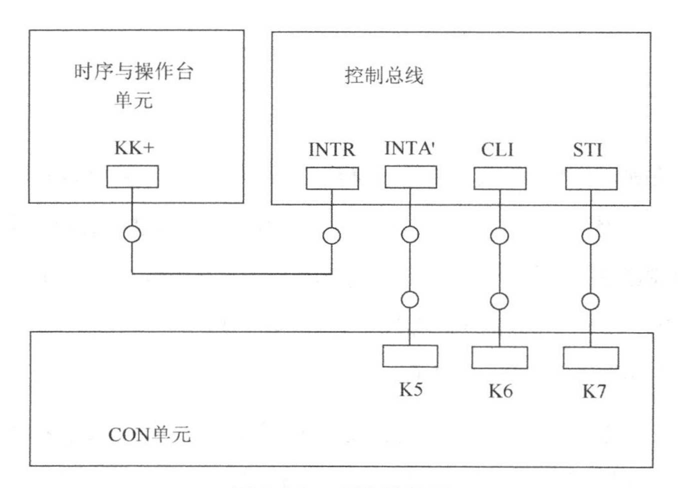

图 2-30 实验接线图

（2）具体操作步骤如下。

① 对控制总线进行置中断操作（K6=1，K7=0），观察控制总线部分的中断允许指示灯 EI，此时 EI 亮，表示允许响应外部中断。按动时序与操作台单元的开关 KK+，观察控制总线的指示灯 INTR，发现当按下开关 KK+时，INTR 变亮，表示控制总线将外部的中断请求信号发送给 CPU。

② 对控制总线进行清中断操作（K6=0，K7=1），观察控制总线部分的中断允许指示灯 EI，此时 EI 灭，表示禁止响应外部中断。按动时序与操作台单元的开关 KK+，观察控制总线的指示灯 INTR，发现当按下开关 KK+时，INTR 不变，仍然为灭，表示控制总线锁死了外部的中断请求。

③ 对总线进行置中断操作（K6=1，K7=0），当 CPU 给出的中断应答信号 INTA'（K5=0）有效时，使用电压表测量 74LS245 的 DIR（第 1 个引脚），显示为低电平，表示 CPU 允许外部传送中断向量号。

六、实验思考

（1）与不带中断的编程 I/O 相比，中断 I/O 有哪些好处和不利？

（2）如果不允许中断嵌套，可以怎样设计中断使能寄存器？此时怎样确定中断优先级？

（3）中断控制器通过什么机制向 CPU 告知引发中断的设备？

（4）如果要设计两个优先级的多中断系统，怎样利用现有的控制信号实现？

2.7 DMA 控制实验

一、实验目的

（1）掌握 DMA 控制信号线的功能和应用。

（2）掌握在系统总线上设计 DMA 控制信号线的方法。

二、实验设备

（1）计算机一台。

（2）TD-CMA 实验系统一套。

（3）电压表一台。

三、预习要求

（1）阅读本实验教程及相关参考教材。

（2）学习 2.1 节 TD-CMA 实验系统认识实验的内容。

（3）了解本书附录 B 中各单元接口的有效状态。

四、实验原理

有一类外部设备在使用时需要占用总线，其中典型的代表是 DMA 控制机。在使用这类外部设备时，总线的控制权要在 CPU 和外部设备之间进行切换，这就需要总线具有相应的信号来实现这种切换，避免总线竞争，使 CPU 和外部设备能够正常工作。下面以 DMA 操作为例，设计相应的 DMA 控制信号线，实验原理图如图 2-31 所示。

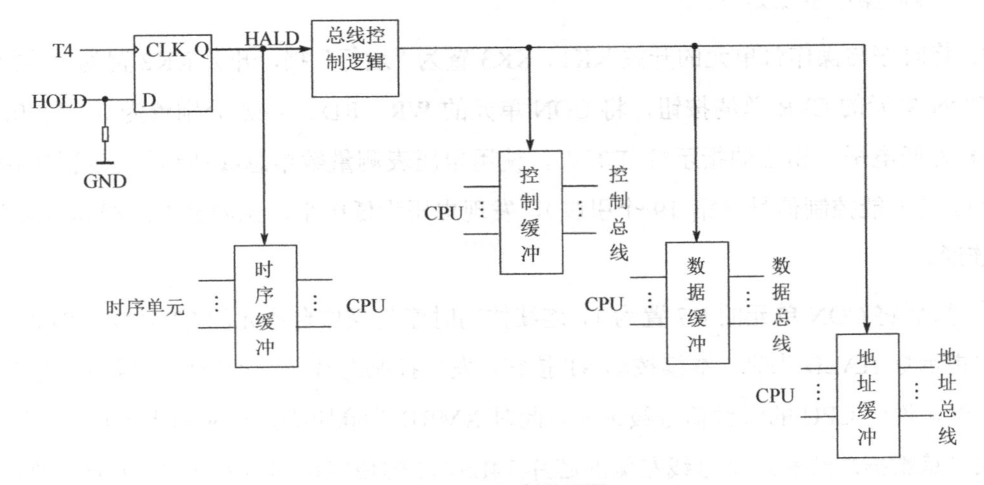

图 2-31 实验原理图

在进行 DMA 操作时，外部设备向 DMAC（DMA 控制机）发出 DMA 传送请求，DMAC 通过总线上的 HOLD 信号向 CPU 提出 DMA 请求。CPU 在完成当前总线周期后对 DMA 请求做出响应。CPU 的响应包括两个方面：一方面让出总线控制权；另一方面将有效的 HALD 信号加到 DMAC 上，通知 DMAC 可以使用总线进行数据传输。此时 DMAC 进行 DMA 传输，传输完成后，停止向 CPU 发送 HOLD 信号，撤销总线请求，交还总线控制权。CPU 在接收到无效的 HOLD 信号后，一方面会使 HALD 无效，另一方面会重新开始控制总线，正常运行。

如图 2-31 所示，在每个机器周期的 T4 时刻 DMAC 根据 HOLD 信号判断是否有 DMA 请求，如果有，则产生有效的 HALD 信号，HALD 信号一方面锁死 CPU 的时钟信号，使 CPU 保持当前状态，等待 DMA 操作的结束；另一方面使控制缓冲、数据缓冲和地址缓冲都处于高阻状态，隔断 CPU 与总线的联系，将总线交由 DMAC 控制。当 DMA 操作结束后，DMAC 将 HOLD 信号置为无效，DMA 控制逻辑在 T4 时刻将 HALD 信号置为无效，HALD 信号一方面打开 CPU 的时钟信号，使 CPU 开始正常运行；另一方面把控制缓冲、数据缓冲和地址缓冲交由 CPU 控制，恢复 CPU 对总线的控制权。

在本实验中，控制缓冲由写在 16V8 芯片中的组合逻辑实现，数据缓冲和地址缓冲由数据总线和地址总线左侧的 74LS245 实现。下面以存储器读信号为例，说明 HALD 信号对控制总线的控制：首先模拟 CPU 给出存储器读信号（置 WR、RD、IOM 分别为 0、1、0），当 HALD 信号无效时，总线上输出的存储器读信号 XMRD 为有效状态“0”，当 HALD 信号有效时，总线上输出的存储器读信号 XMRD 为高阻态。学生可以自行设计其余的控制信号验证实验。

五、实验步骤

（1）按图 2-32 所示的实验接线图进行连线，连通无误后接通电源。

（2）具体操作步骤如下。

① 将时序与操作台单元的开关 KK1、KK3 置为“运行”挡，开关 KK2 置为“单拍”挡，按动 CON 单元的 CLR 总清按钮，将 CON 单元的 WR、RD、IOM 分别置为 0、1、0，此时 XMRD 为低电平，相应的指示灯 E0 灭。使用电压表测量数据总线和地址总线左侧的芯片 74LS245 的使能控制信号（第 19 个引脚），发现电压为低电平，说明数据总线和地址总线与 CPU 连通。

② 然后将 CON 单元的 K7 置为 1，连续按动时序与操作台单元的 ST 按钮，T4 时刻控制总线的指示灯 HALD 为亮，继续按动 ST 按钮，发现控制总线单元的时钟信号指示灯 T1～T4 保持不变，说明 CPU 的时钟信号被锁死。此时 XMRD 为高阻态，相应的指示灯 E0 亮。使用万用表测量数据总线和地址总线左侧的芯片 74LS245 的使能控制信号（第 19 个引脚），发现

电压为高电平，说明总线和 CPU 的连接被阻断。

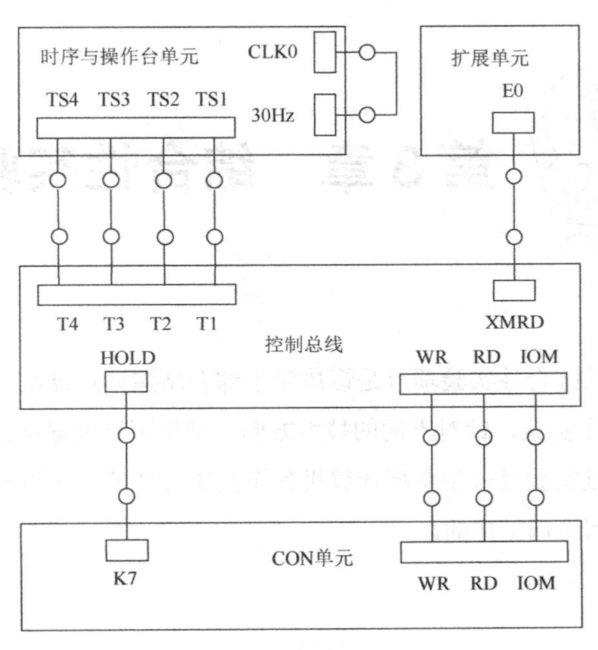

图 2-32 实验接线图

③ 将 CON 单元的开关 K7 置为 0，按动时序与操作台单元的 ST 按钮，T4 时刻控制总线的指示灯 HALD 灭，继续按动 ST 按钮，发现控制总线单元的时钟信号指示灯 T1～T4 开始变化，说明 CPU 的时钟信号被接通。此时 XMRD 受 CPU 控制，恢复有效为低电平，相应的指示灯 E0 灭。使用万用表测量数据总线和地址总线左侧的芯片 74LS245 的使能控制信号（第19 个引脚），发现电压为低电平，说明总线和 CPU 恢复连通。

六、实验思考

（1）有了中断机制，为什么还需要用到 DMA？

（2）在 DMA 动作期间，CPU 可以做些什么事情？

（3）在当前实验仪器上利用 DMA 方式，从哪些方面节省了时间，提高了效率？

第3章　综合性实验项目

计算机组成原理的综合性实验项目是锻炼学生综合掌握计算机组成原理实践能力的高层次实验。本章共设 5 个实验，针对不同的技术方向，学生可以根据自己的实际课时和兴趣选做，目的是让学生通过实验进一步掌握计算机各个组成部件的工作原理，系统地掌握计算机中各个组成部件是如何协调工作的。

3.1　CPU 与简单模型机设计实验

一、实验目的

（1）掌握一个简单 CPU 的构成原理。

（2）在掌握部件单元电路的基础上，进一步将其构造成一台简单模型机。

（3）设计包含若干条机器指令的指令集，编写相应的微程序，观察调试其运行过程。

二、实验设备

联机操作实验

（1）计算机一台。

（2）TD-CMA 实验系统一套。

三、预习要求

（1）阅读本实验教程及相关教材。

（2）学习 1.3 节指令系统介绍的内容。

（3）熟悉 2.5 节微程序控制器实验介绍的内容。

（4）了解本书附录 B 中各单元接口的有效状态。

四、实验原理

本实验要介绍一个简单的 CPU，并且在此 CPU 的基础上，继续构建一个简单模型机。CPU 由运算器（ALU）、微程序控制器（MC）、通用寄存器（R0）、指令寄存器（IR）、程序计数器（PC）和地址寄存器（AR）组成，如图 3-1 所示。这个 CPU 在写入相应的微指令后，就具备了执行机器指令的功能，但是机器指令一般存放在主存储器中，CPU 必须和主存储器挂接后，才有实际的意义，所以还需要在该 CPU 的基础上增加一个主存储器和基本的输入部件、输出部件，以构成一个简单模型机。

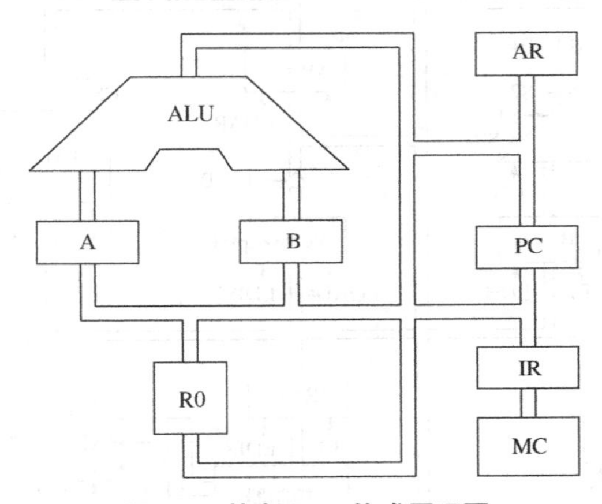

图 3-1　基本 CPU 构成原理图

除程序计数器以外，其余部件在前面的实验中都已用到，在此不再赘述。系统的程序计数器和地址寄存器集成在一片预编程芯片中。将 CLR 连接至 CON 单元的 CLR 总清按钮，按下 CLR 总清按钮，可以使程序计数器清零，LDPC 和 T3 进行相与运算后作为计数器的计数时钟，当 LOAD 为低电平时，计数时钟到达时间后将 CPU 内总线上的数据写入程序计数器。

本模型机和 2.5 节微程序控制器实验相比，新增加了跳转指令 JMP，共有 5 条指令：IN（输入）、ADD（二进制加法）、OUT（输出）、JMP（跳转）及 HLT（停机），指令格式如图 3-2 所示（高 4 位为操作码）。

助记符	机器指令码	说明
IN	0010 0000	IN→R0
ADD	0000 0000	R0 + R0→R0
OUT	0011 0000	R0→OUT
JMP addr	1110 0000　********	addr→PC
HLT	0101 0000	停机

图 3-2　指令格式

其中 JMP 为双字节指令，其余均为单字节指令，********为 addr 对应的二进制地址码。微程序控制器实验的指令是通过手动给出的，现在要求 CPU 自动从存储器读取指令并执行。根据以上要求，设计数据通路图，如图 3-3 所示。

本实验在 2.2 节总线数据传输控制实验的基础上增加了 3 个部件：一个是程序计数器，另一个是地址寄存器，还有一个是主存储器。因而在微指令中应增加相应的控制位，微指令格式如表 3-1 所示。

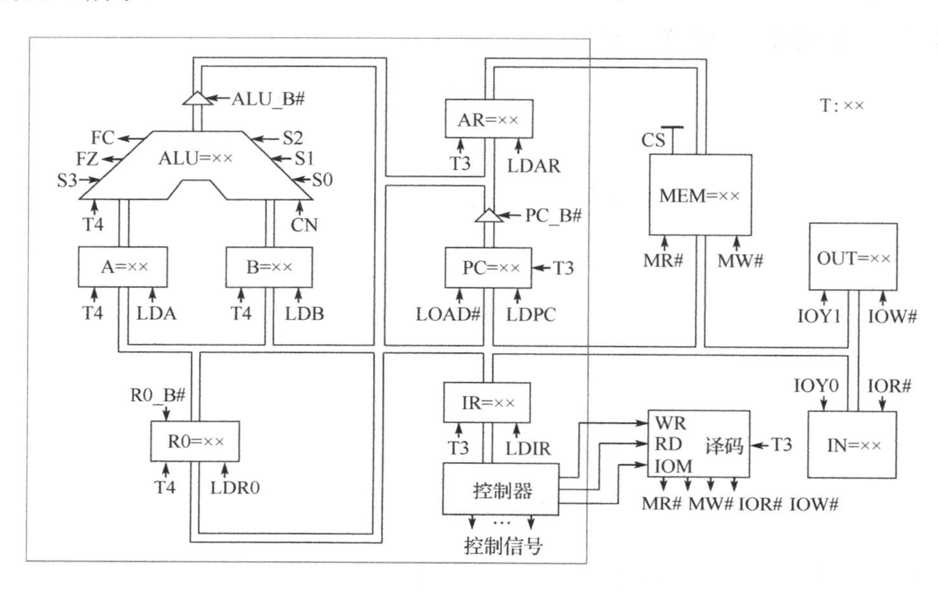

图 3-3　数据通路图

表 3-1　微指令格式

23	22	21	20	19	18～15	14～12	11～9	8～6	5～0
M23	M22	WR	RD	IOM	S3～S0	A 字段	B 字段	C 字段	MA5～MA0

A 字段

14	13	12	选择
0	0	0	NOP
0	0	1	LDA
0	1	0	LDB
0	1	1	LDRO
1	0	0	保留
1	0	1	LOAD
1	1	0	LDAR
1	1	1	LDIR

B 字段

11	10	9	选择
0	0	0	NOP
0	0	1	ALU_B
0	1	0	RO_B
0	1	1	保留
1	0	0	保留
1	0	1	保留
1	1	0	PC_B
1	1	1	保留

C 字段

8	7	6	选择
0	0	0	NOP
0	0	1	P<1>
0	1	0	保留
0	1	1	保留
1	0	0	保留
1	0	1	LDPC
1	1	0	保留
1	1	1	保留

系统涉及的简单模型机微程序流程图如图 3-4 所示，当拟定“取指”微指令时，该微指

令的判别测试字段为P<1>测试。指令译码原理图见图1-25，由于“取指”微指令是所有微程序都使用的公用微指令，所以P<1>的测试结果出现多路分支。本机用指令寄存器的高6位（IR7～IR2）作为测试条件，会出现5路分支，占用5个固定微地址单元，其他地方可以一条微指令占用一个微地址单元，微程序流程图中的单元地址为十六进制。当全部的微程序设计完毕后，应将每条微指令代码化，将如图3-4所示的简单模型机微程序流程图按微指令格式转化成二进制微代码表，如表3-2所示。

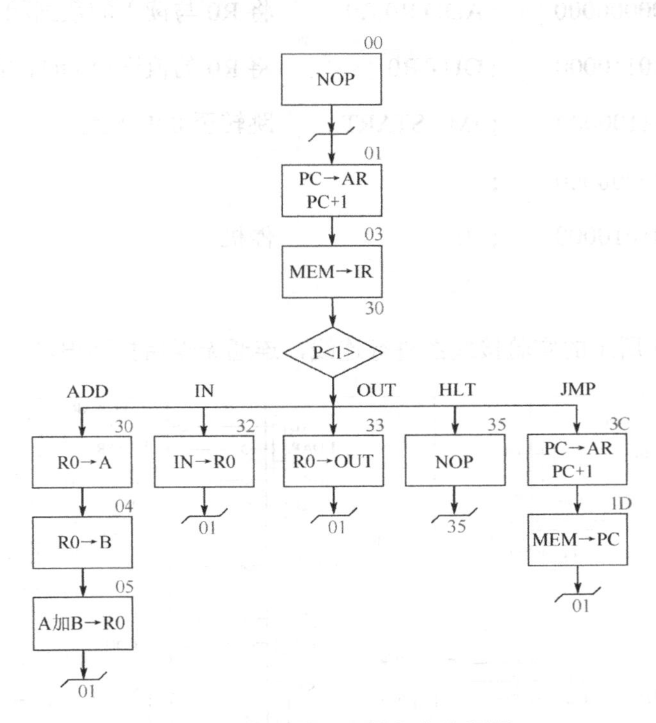

图3-4 简单模型机微程序流程图

表3-2 二进制微代码表

地址	十六进制	高五位	S3～S0	A字段	B字段	C字段	MA5～MA0
00	00 00 01	00000	0000	000	000	000	000001
01	00 6D 43	00000	0000	110	110	101	000011
03	10 70 70	00010	0000	111	000	001	110000
04	00 24 05	00000	0000	010	010	000	000101
05	04 B2 01	00000	1001	011	001	000	000001
1D	10 51 41	00010	0000	101	000	101	000001
30	00 14 04	00000	0000	001	010	000	000100
32	18 30 01	00011	0000	011	000	000	000001
33	28 04 01	00101	0000	000	010	000	000001
35	00 00 35	00000	0000	000	000	000	110101
3C	00 6D 5D	00000	0000	110	110	101	011101

设计一段机器程序，要求从 IN 单元读入一个数据，存于 R0，将 R0 与读入的数据相加，将结果存于 R0，再将 R0 的值送至 OUT 单元显示。

根据以上要求可以得到以下程序，地址和内容均为二进制数。

地 址	内 容	助记符	说 明
00000000	00100000	; START: IN　R0	从 IN 单元读入数据存于 R0
00000001	00000000	; ADD R0,R0	将 R0 与读入的数据相加，结果存于 R0
00000010	00110000	; OUT R0	将 R0 的值送至 OUT 单元显示
00000011	11100000	; JMP START	跳转至 00H 地址
00000100	00000000	;	
00000101	01010000	; HLT	停机

五、实验步骤

（1）按照图 3-5 所示的实验接线图进行连线，连通无误后接通电源。

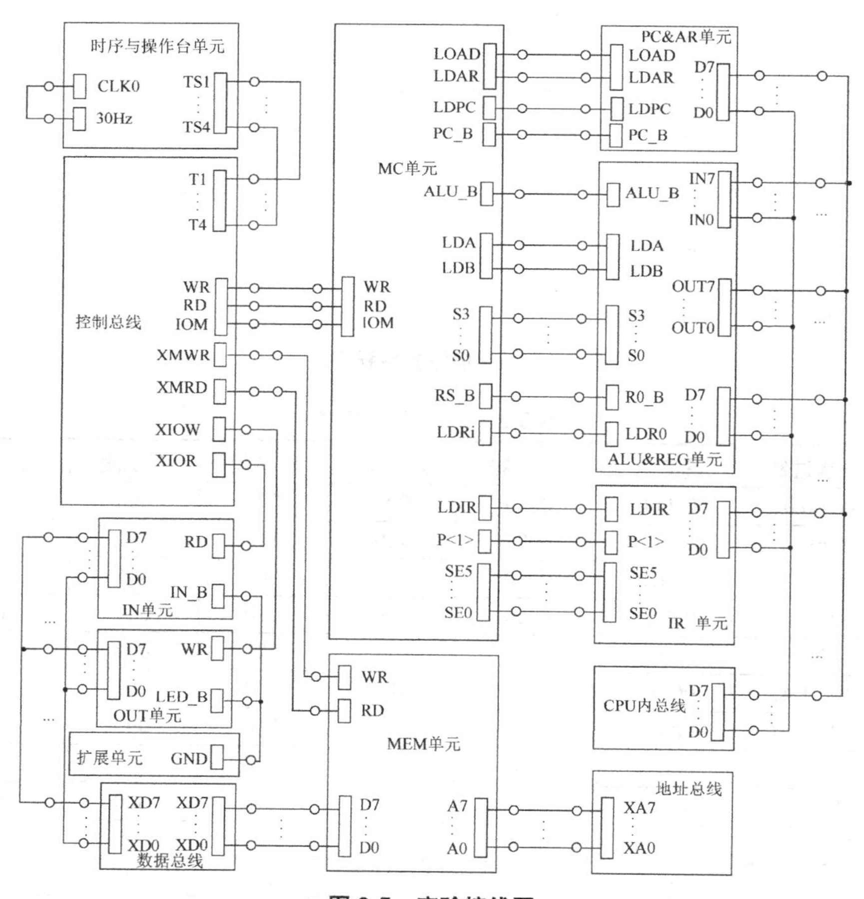

图 3-5　实验接线图

（2）写入实验程序，并进行校验，分两种方式：手动写入和联机写入。具体操作可参考 2.5 节微程序控制器实验。

本次实验程序如下，程序中分号（;）为注释符，分号后面的内容在下载时将被忽略。

```
; //************************************************ //
; //        CPU 与简单模型机设计实验指令文件            //
; //************************************************ //
; //****** Start of Main Memory Data ******          //
  $P 00 20      ; START: IN   R0          从 IN 单元读入数据存于 R0
  $P 01 00      ; ADD R0,R0               将 R0 和读入的数据相加，结果存于 R0
  $P 02 30      ; OUT R0                  将 R0 的值送至 OUT 单元显示
  $P 03 E0      ; JMP START               跳转至 00H 地址
  $P 04 00      ;
  $P 05 50      ; HLT                     停机
; //******* End of Main Memory Data *******         //

; //**** Start of MicroController Data ****   //
  $M 00 000001       ; NOP
  $M 01 006D43       ; PC→AR,PC 加 1
  $M 03 107070       ; MEM→IR, P<1>
  $M 04 002405       ; R0→B
  $M 05 04B201       ; A 加 B→R0
  $M 1D 105141       ; MEM→PC
  $M 30 001404       ; R0→A
  $M 32 183001       ; IN→R0
  $M 33 280401       ; R0→OUT
  $M 35 000035       ; NOP
  $M 3C 006D5D       ; PC→AR,PC 加 1
; //** End of MicroController Data **//
```

（3）运行程序。

具体操作可参考 2.5 节微程序控制器实验。

六、实验思考

（1）解释指令和微指令的关系。

（2）设计指令操作码需要遵循哪些规则？受到哪些制约？

（3）P1、P3 条件跳转逻辑怎么解释？

（4）如何确定下一条微指令的准确地址？

（5）当内存内容为空（全 0 或全 FF 时），CPU 在做什么？指出其单步动作。

3.2 复杂模型机设计实验

一、实验目的

综合运用所学的计算机组成原理知识，设计并实现较为完整的复杂模型机。

二、实验设备

（1）计算机一台。

（2）TD-CMA 实验系统一套。

三、预习要求

（1）阅读本实验教程及相关参考教材。

（2）学习 1.3 节指令系统介绍的内容。

（3）熟悉 2.5 节对微程序控制器进行读/写及运行的相关操作。

（4）了解本书附录 B 中各单元接口的有效状态。

四、实验原理

复杂模型机的数据通路图如图 3-6 所示。

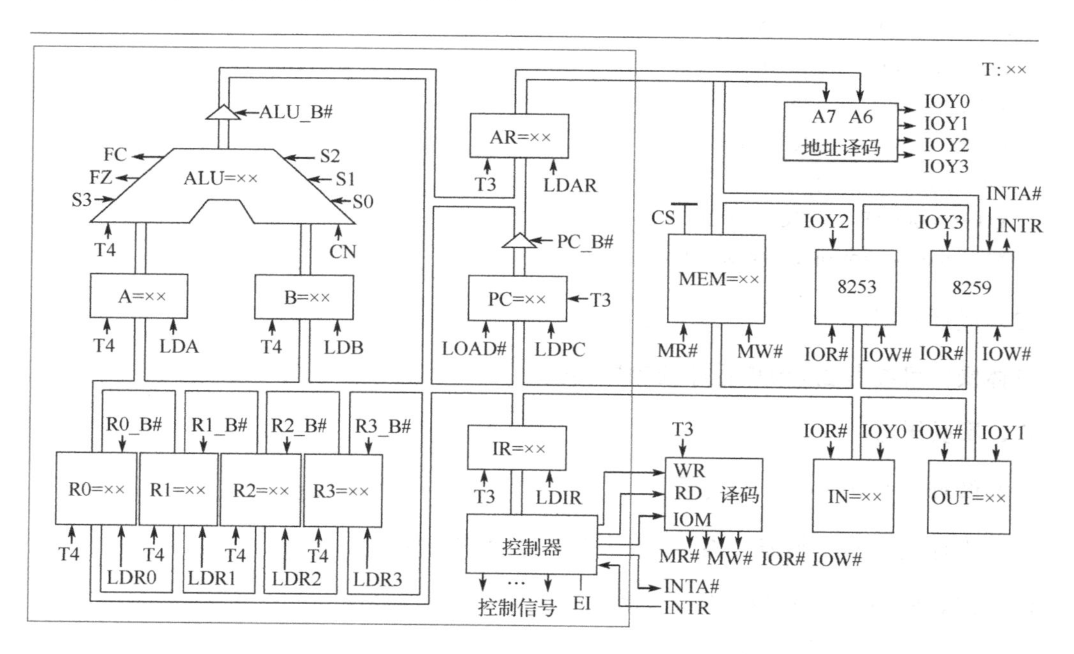

图 3-6 复杂模型机的数据通路图

和前面的简单模型机实验相比，复杂模型机实验指令多，寻址方式多，只用一种测试方法已不能满足其设计要求，因此需要重新设计指令译码电路，在 IR 单元的 INS_DEC 中实现，指令译码电路原理图如图 3-7 所示。

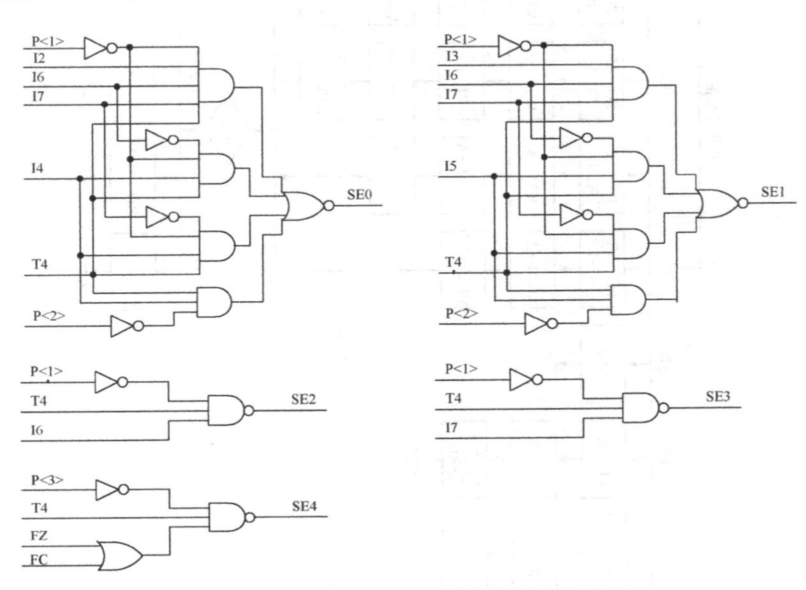

图 3-7　指令译码电路原理图

本实验中要用到 4 个通用寄存器 R3、R2、R1、R0，一般通过指令的低四位选择寄存器，因此还需要设计一个寄存器译码电路，在 IR 单元的 REG_DEC（GAL16V8）中实现，寄存器译码电路原理图如图 3-8 所示。

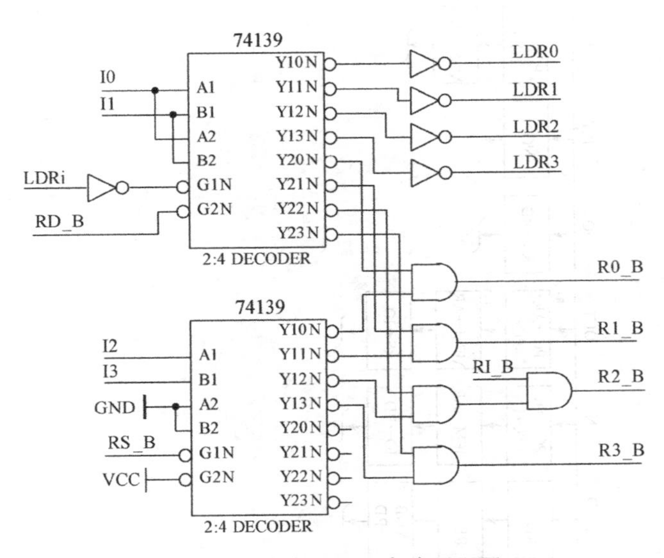

图 3-8　寄存器译码电路原理图

根据机器指令系统要求，设计微程序流程图，如图 3-9 所示。

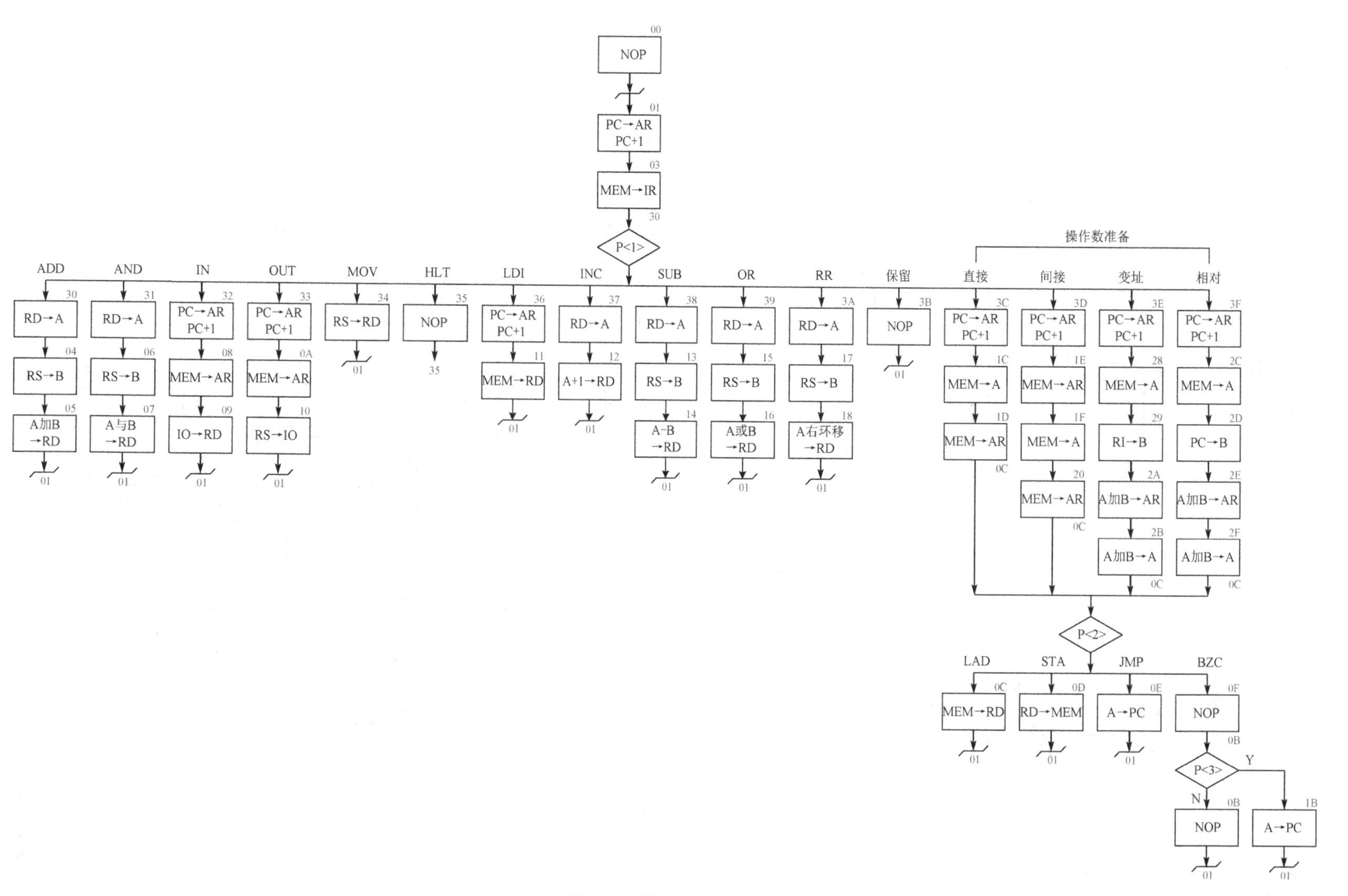
NOP
PC→AR
PC+1
MEM→IR
P<1>
ADD
AND
IN
OUT
MOV
HLT
LDI
INC
SUB
OR
RR
保留
操作数准备
直接
间接
变址
相对
RD→A
RS→B
A加B
→RD
A与B
→RD
MEM→AR
IO→RD
RS→IO
RS→RD
MEM→RD
A+1→RD
A-B
→RD
A或B
→RD
A右环移
→RD
MEM→A
RI→B
PC→B
A加B→AR
A加B→A
P<2>
LAD
STA
JMP
BZC
RD→MEM
A→PC
P<3>
Y
N

图 3-9 微程序流程图

按照系统建议的微指令格式，如表3-3所示，参照微程序流程图，将每条微指令代码化，译成二进制代码表，如表3-4所示，并将二进制代码表转换为联机操作时的十六进制格式的文件。

表3-3 微指令格式

23	22	21	20	19	18～15	14～12	11～9	8～6	5～0
M23	CN	WR	RD	IOM	S3～S0	A字段	B字段	C字段	UA5～UA0

A字段

14	13	12	选择
0	0	0	NOP
0	0	1	LDA
0	1	0	LDB
0	1	1	LDRi
1	0	0	保留
1	0	1	LOAD
1	1	0	LDAR
1	1	1	LDIR

B字段

11	10	9	选择
0	0	0	NOP
0	0	1	ALU_B
0	1	0	RS_B
0	1	1	RD_B
1	0	0	RI_B
1	0	1	保留
1	1	0	PC_B
1	1	1	保留

C字段

8	7	6	选择
0	0	0	NOP
0	0	1	P<1>
0	1	0	P<2>
0	1	1	P<3>
1	0	0	保留
1	0	1	LDPC
1	1	0	保留
1	1	1	保留

表3-4 二进制代码表

地址	十六进制格式	高五位	S3～S0	A字段	B字段	C字段	UA5～UA0
00	00 00 01	00000	0000	000	000	000	000001
01	00 6D 43	00000	0000	110	110	101	000011
03	10 70 70	00010	0000	111	000	001	110000
04	00 24 05	00000	0000	010	011	000	000101
05	04 B2 01	00000	1001	011	001	000	000001
06	00 24 07	00000	0000	010	011	000	000111
07	01 32 01	00000	0010	011	001	000	000001
08	10 60 09	00010	0000	110	000	000	001001
09	18 30 01	00011	0000	011	000	000	000001
0A	10 60 10	00010	0000	110	000	000	010000
0B	00 00 01	00000	0000	000	000	000	000001
0C	10 30 01	00010	0000	011	000	000	000001
0D	20 06 01	00100	0000	000	001	100	000001
0E	00 53 41	00000	0000	101	001	101	000001
0F	00 00 CB	00000	0000	000	000	011	001011
10	28 04 01	00101	0000	000	010	000	000001
11	10 30 01	00010	0000	011	000	000	000001
12	06 B2 01	00000	1101	011	001	000	000001
13	00 24 14	00000	0000	010	011	000	010100
14	05 B2 01	00000	1011	011	001	000	000001

续表

地址	十六进制格式	高五位	S3～S0	A 字段	B 字段	C 字段	UA5～UA0
15	00 24 16	00000	0000	010	011	000	010110
16	01 B2 01	00000	0011	011	001	000	000001
17	00 24 18	00000	0000	010	011	000	011000
18	02 B2 01	00000	0101	011	001	000	000001
1B	00 53 41	00000	0000	101	001	101	000001
1C	10 10 1D	00010	0000	001	000	000	011101
1D	10 60 8C	00010	0000	110	000	010	001100
1E	10 60 1F	00010	0000	110	000	000	011111
1F	10 10 20	00010	0000	001	000	000	100000
20	10 60 8C	00010	0000	110	000	010	001100
28	10 10 29	00010	0000	001	000	000	101001
29	00 28 2A	00000	0000	010	100	000	101010
2A	04 E2 2B	00000	1001	110	001	000	101011
2B	04 92 8C	00000	1001	001	001	010	001100
2C	10 10 2D	00010	0000	001	000	000	101101
2D	00 2C 2E	00000	0000	010	110	000	101110
2E	04 E2 2F	00000	1001	110	001	000	101111
2F	04 92 8C	00000	1001	001	001	010	001100
30	00 16 04	00000	0000	001	011	000	000100
31	00 16 06	00000	0000	001	011	000	000110
32	00 6D 48	00000	0000	110	110	101	001000
33	00 6D 4A	00000	0000	110	110	101	001010
34	00 34 01	00000	0000	011	010	000	000001
35	00 00 35	00000	0000	000	000	000	110101
36	00 6D 51	00000	0000	110	110	101	010001
37	00 16 12	00000	0000	001	011	000	010010
38	00 16 13	00000	0000	001	011	000	010011
39	00 16 15	00000	0000	001	011	000	010101
3A	00 16 17	00000	0000	001	011	000	010111
3B	00 00 01	00000	0000	000	000	000	000001
3C	00 6D 5C	00000	0000	110	110	101	011100
3D	00 6D 5E	00000	0000	110	110	101	011110
3E	00 6D 68	00000	0000	110	110	101	101000
3F	00 6D 6C	00000	0000	110	110	101	101100

根据现有指令，在模型机上实现以下运算：从 IN 单元读入一个数据，根据读入数据的低四位值 X，求 $1+2+\cdots+X$ 的累加和，01H～0FH 共 15 个数据存于 60H～6EH 单元。

根据以上要求可以得到以下程序，地址和内容均为二进制数。

地址	内容	助记符	说明
00000000	00100000	; START: IN R0,00H	从 IN 单元读入计数初值
00000001	00000000		
00000010	01100001	; LDI R1,0FH	将立即数 0FH 送至 R1
00000011	00001111		
00000100	00010100	; AND R0,R1	得到 R0 低四位
00000101	01100001	; LDI R1,00H	装入初值 00H
00000110	00000000		
00000111	11110000	; BZC RESULT	计数值为 0 时则跳转
00001000	00010110		
00001001	01100010	; LDI R2,60H	读入数据原始地址
00001010	01100000		
00001011	11001011	; LOOP: LAD R3,[RI],00H	从 MEM 读入数据送至 R3，变址寻址，偏移量为 00H
00001100	00000000		
00001101	00001101	; ADD R1,R3	累加求和
00001110	01110010	; INC RI	变址寄存加 1，指向下一数据
00001111	01100011	; LDI R3,01H	装入比较值
00010000	00000001		
00010001	10001100	; SUB R0,R3	
00010010	11110000	; BZC RESULT	相减为 0，表示求和完毕
00010011	00010110		
00010100	11100000	; JMP LOOP	未完则继续
00010101	00001011		
00010110	11010001	; RESULT: STA 70H,R1	和存于 MEM 的 70H 单元
00010111	01110000		
00011000	00110100	; OUT 40H,R1	和在 OUT 单元显示
00011001	01000000		

```
00011010    11100000    ; JMP START        跳转至 START
00011011    00000000
00011100    01010000    ; HLT              停机

01100000    00000001    ;                  数据
01100001    00000010
01100010    00000011
01100011    00000100
01100100    00000101
01100101    00000110
01100110    00000111
01100111    00001000
01101000    00001001
01101001    00001010
01101010    00001011
01101011    00001100
01101100    00001101
01101101    00001110
01101110    00001111
```

五、实验步骤

（1）按照图 3-10 所示的实验接线图进行连线，连通无误后接通电源。

（2）写入实验程序，并进行校验，分两种方式：手动写入和联机写入。具体操作可参考 2.5 节微程序控制器实验。

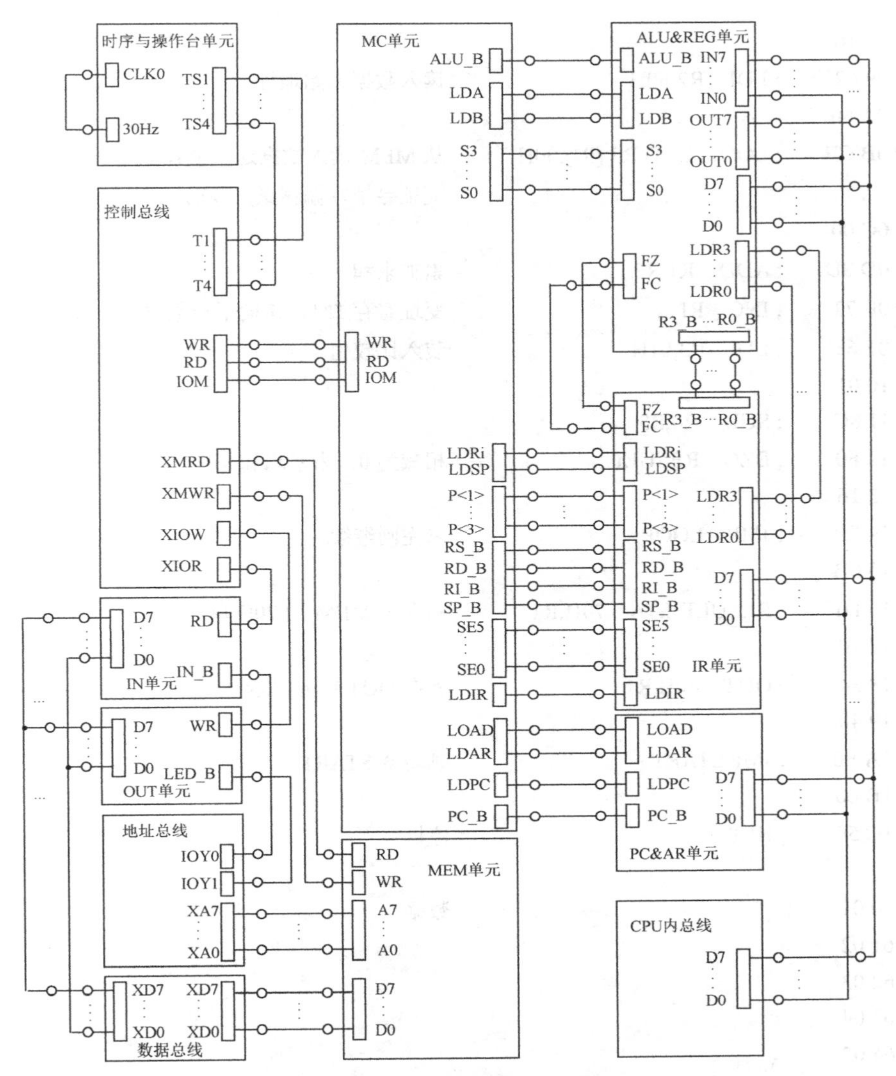

图 3-10 实验接线图

本次实验程序如下，程序中分号（;）为注释符，分号后面的内容在下载时将被忽略。

```
; //****************************************** //
; //          复杂模型机设计实验指令文件              //
; //****************************************** //
; //****** Start of Main Memory Data ******     //
   $P 00 20      ; START: IN R0,00H          从 IN 单元读入计数初值
   $P 01 00
   $P 02 61      ; LDI    R1,0FH             将立即数 0FH 送至 R1
   $P 03 0F
   $P 04 14      ; AND    R0,R1              得到 R0 低四位
   $P 05 61      ; LDI    R1,00H             装入初值 00H
   $P 06 00
   $P 07 F0      ; BZC    RESULT             计数值为 0 时则跳转
```

```
   $P 08 16
   $P 09 62     ; LDI   R2,60H               读入数据原始地址
   $P 0A 60
   $P 0B CB     ; LOOP: LAD R3,[RI],00H      从 MEM 读入数据送至 R3，
                                             变址寻址，偏移量为 00H
   $P 0C 00
   $P 0D 0D     ; ADD   R1,R3                累加求和
   $P 0E 72     ; INC   RI                   变址寄存加 1，指向下一数据
   $P 0F 63     ; LDI   R3,01H               装入比较值
   $P 10 01
   $P 11 8C     ; SUB   R0,R3
   $P 12 F0     ; BZC   RESULT               相减为 0，表示求和完毕
   $P 13 16
   $P 14 E0     ; JMP   LOOP                 未完则继续
   $P 15 0B
   $P 16 D1     ; RESULT: STA   70H,R1       和存于 MEM 的 70H 单元
   $P 17 70
   $P 18 34     ; OUT   40H,R1               和在 OUT 单元显示
   $P 19 40
   $P 1A E0     ; JMP START                  跳转至 START
   $P 1B 00
   $P 1C 50     ; HLT                        停机

   $P 60 01       ;                          数据
   $P 61 02
   $P 62 03
   $P 63 04
   $P 64 05
   $P 65 06
   $P 66 07
   $P 67 08
   $P 68 09
   $P 69 0A
   $P 6A 0B
   $P 6B 0C
   $P 6C 0D
   $P 6D 0E
   $P 6E 0F
; //***** End of Main Memory Data *****//

; //** Start of MicroController Data **//
   $M 00 000001        ; NOP
   $M 01 006D43        ; PC→AR, PC 加 1
```

```
$M 03 107070    ; MEM→IR, P<1>
$M 04 002405    ; RS→B
$M 05 04B201    ; A 加 B→RD
$M 06 002407    ; RS→B
$M 07 013201    ; A 与 B→RD
$M 08 106009    ; MEM→AR
$M 09 183001    ; IO→RD
$M 0A 106010    ; MEM→AR
$M 0B 000001    ; NOP
$M 0C 103001    ; MEM→RD
$M 0D 200601    ; RD→MEM
$M 0E 005341    ; A→PC
$M 0F 0000CB    ; NOP, P<3>
$M 10 280401    ; RS→IO
$M 11 103001    ; MEM→RD
$M 12 06B201    ; A 加 1→RD
$M 13 002414    ; RS→B
$M 14 05B201    ; A 减 B→RD
$M 15 002416    ; RS→B
$M 16 01B201    ; A 或 B→RD
$M 17 002418    ; RS→B
$M 18 02B201    ; A 右环移→RD
$M 1B 005341    ; A→PC
$M 1C 10101D    ; MEM→A
$M 1D 10608C    ; MEM→AR, P<2>
$M 1E 10601F    ; MEM→AR
$M 1F 101020    ; MEM→A
$M 20 10608C    ; MEM→AR, P<2>
$M 28 101029    ; MEM→A
$M 29 00282A    ; RI→B
$M 2A 04E22B    ; A 加 B→AR
$M 2B 04928C    ; A 加 B→A, P<2>
$M 2C 10102D    ; MEM→A
$M 2D 002C2E    ; PC→B
$M 2E 04E22F    ; A 加 B→AR
$M 2F 04928C    ; A 加 B→A, P<2>
$M 30 001604    ; RD→A
$M 31 001606    ; RD→A
$M 32 006D48    ; PC→AR, PC 加 1
$M 33 006D4A    ; PC→AR, PC 加 1
```

```
    $M 34 003401    ; RS→RD
    $M 35 000035    ; NOP
    $M 36 006D51    ; PC→AR, PC 加 1
    $M 37 001612    ; RD→A
    $M 38 001613    ; RD→A
    $M 39 001615    ; RD→A
    $M 3A 001617    ; RD→A
    $M 3B 000001    ; NOP
    $M 3C 006D5C    ; PC→AR, PC 加 1
    $M 3D 006D5E    ; PC→AR, PC 加 1
    $M 3E 006D68    ; PC→AR, PC 加 1
    $M 3F 006D6C    ; PC→AR, PC 加 1
; //** End of MicroController Data **//
```

（3）运行程序。

具体操作可参考 2.5 节微程序控制器实验。

六、实验思考

（1）如何实现多种寻址方式？

（2）是否可以不用内存，直接用微指令实现目标功能？这样做存在什么问题？

（3）能不能实现利用一条指令将数据从一个内存地址复制到另一个内存地址？

（4）如果一条指令需要临时的存储位置，可不可以用空闲的内存或寄存器？存在什么隐患？

（5）如果用 ALU 资源（A 暂存器、B 暂存器）保存指令执行结果会有什么问题？

3.3 带中断处理能力的模型机设计实验

一、实验目的

（1）掌握中断原理及其响应流程。

（2）掌握 8259 中断控制器（以下简称 8259）的原理及其应用编程。

二、实验设备

（1）计算机一台。

（2）TD-CMA 实验系统一套。

三、预习要求

（1）阅读本实验教程及相关参考教材。

（2）学习 1.3 节指令系统介绍的内容。

（3）熟悉 2.5 节对微程序控制器进行读/写及运行的相关操作。

（4）了解本书附录 B 中各单元接口的有效状态。

四、实验原理

8259 芯片引脚分配图如图 3-11 所示。

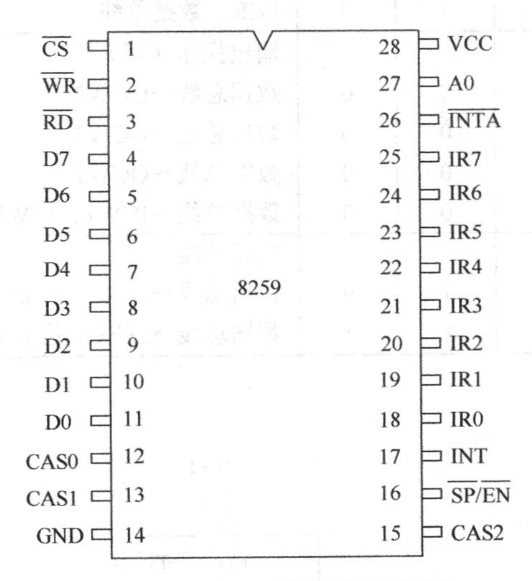

图 3-11　8259 芯片引脚分配图

8259 芯片引脚说明如下：

（1）D7～D0：双向三态数据线。

（2）$\overline{\text{CS}}$：片选信号。

（3）A0：用来选择芯片内部不同的寄存器，通常接至地址总线的 A0。

（4）$\overline{\text{RD}}$：读信号，低电平有效，其有效时控制信息从 8259 读至 CPU。

（5）$\overline{\text{WR}}$：写信号，低电平有效，其有效时控制信息从 CPU 写入 8259。

（6）$\overline{\text{SP}}/\overline{\text{EN}}$：从程序/允许缓冲。

（7）$\overline{\text{INTA}}$：中断响应输入。

（8）INT：中断输出。

（9）IR0～IR7：8 条外界中断请求输入线。

（10）CAS2～CAS0：级联信号。

A0、D4、D3、$\overline{RD}$、$\overline{WR}$、$\overline{CS}$的电平与 8259 的操作关系如表 3-5 所示。

CPU 必须有一个中断使能寄存器，并且可以通过指令对该寄存器进行操作，中断使能寄存器原理图如图 3-12 所示。CPU 开中断指令 STI 对其置 1，而 CPU 关中断指令 CLI 对其置 0。

表 3-5　A0、D4、D3、$\overline{RD}$、$\overline{WR}$、$\overline{CS}$的电平与 8259 的操作关系

A0	D4	D3	$\overline{RD}$	$\overline{WR}$	$\overline{CS}$	操　作
						输入操作（读）
0			0	1	0	IRR、ISR 或中断级别→数据总线
1			0	1	0	IMR　数据总线
						输出操作（写）
0	0	0	1	0	0	数据总线→OCW2
0	0	1	1	0	0	数据总线→OCW3
0	1	×	1	0	0	数据总线→OCW1
1	×	×	1	0	0	数据总线→ICW1、ICW2、ICW3、ICW4
						断开功能
×	×	×	1	1	0	数据总线→三态（无操作）
×	×	×	×	×	1	数据总线→三态（无操作）

注：表中“×”表示任意态。

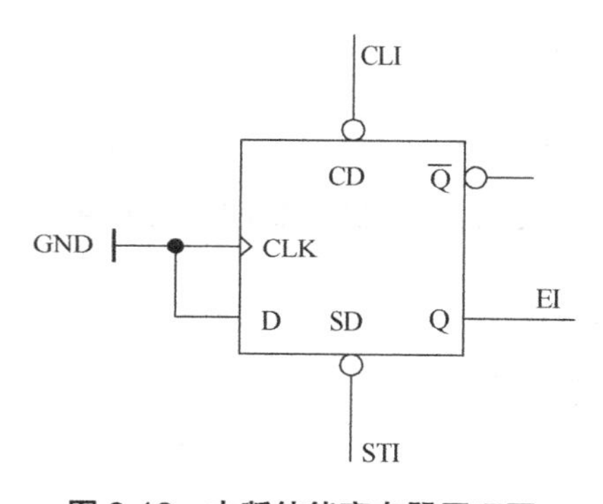

图 3-12　中断使能寄存器原理图

8259 的数据线 D7～D0 挂接到数据总线上，地址线 A0 挂接到地址总线的 A0 上，片选信号$\overline{CS}$接控制总线的 IOY3，IOY3 由地址总线的高二位译码产生，I/O 地址空间分配如表 3-6 所示，$\overline{RD}$、$\overline{WR}$（实验箱上丝印分别为 XIOR 和 XIOW）接收 CPU 给出的读/写信号，8259 和 CPU 挂接图如图 3-13 所示。

表 3-6 I/O 地址空间分配

A7A6	选　定	地 址 空 间
00	IOY0	00～3F
01	IOY1	40～7F
10	IOY2	80～BF
11	IOY3	C0～FF

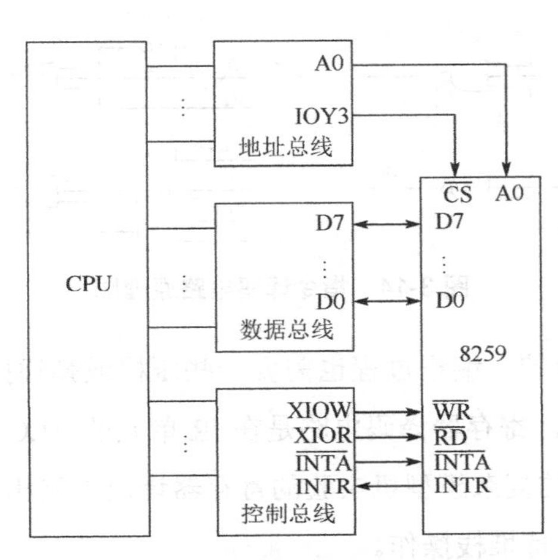

图 3-13 8259 和 CPU 挂接图

本实验要求设计的模型计算机具备类似 X86 的中断功能，当外部中断请求有效，CPU 允许中断，且在一条指令执行完时，CPU 将响应中断。当 CPU 响应中断时，会向 8259 发送两个连续的 $\overline{\text{INTA}}$ 信号，请注意，8259 在接收到第一个 $\overline{\text{INTA}}$ 信号后锁住向 CPU 发送的中断请求信号 INTR（高电平有效），并且在第二个 $\overline{\text{INTA}}$ 信号到达后将其变为低电平（自动 EOI 方式），所以，中断请求信号 IR0 应该维持一段时间，直至 CPU 发送出第一个 $\overline{\text{INTA}}$ 信号，这才是一个有效的中断请求。8259 在接收到第二个 $\overline{\text{INTA}}$ 信号后，就会将中断向量号发送到数据总线，CPU 读取中断向量号，并将其转入相应的中断处理程序。

本系统的指令译码电路是在 IR 单元的 INS_DEC（GAL20V8）中实现的，如图 3-14 所示。和前面讲述的复杂模型机实验的指令译码电路相比，本系统主要增加了对中断的支持，如果 INTR（有中断请求）和 EI（CPU 允许中断）均为 1，且 P<4>测试有效，那么在 T4 节拍，微程序就会产生中断响应分支，从而使 CPU 能够响应中断。

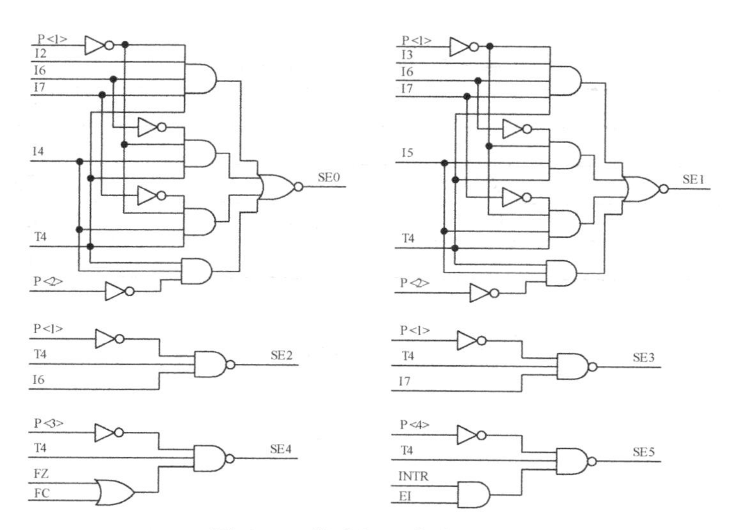

图 3-14　指令译码电路原理图

中断过程需要有现场保护，编程过程也需要一些压栈或弹栈操作，所以还需要设置一个堆栈，将 R3 作为堆栈指针。寄存器译码电路是在 IR 单元的 REG_DEC（GAL16V8）中实现的，如图 3-15 所示，与前面的复杂模型机实验的寄存器译码电路相比，此电路增加了一个“或”门和一个“与”门，用以支持堆栈操作。

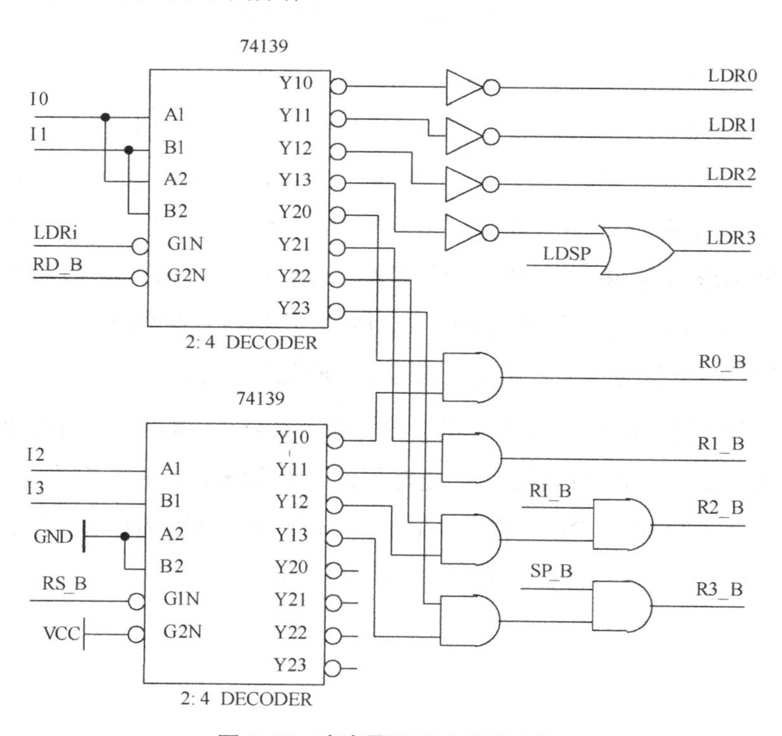

图 3-15　寄存器译码电路原理图

本模型机共设计了 16 条指令，指令助记符、格式及功能如表 3-7 所示。

表 3-7　指令助记符、格式及功能

指令助记符	指令格式				指令功能
MOV RD，RS	0100	RS	RD		RS→RD
ADD RD，RS	0000	RS	RD		RD+RS→RD
ADD RD，RS	0001	RS	RD		RD∧RS→RD
STI	0111	**	**		CPU 开中断
CLI	1000	**	**		CPU 关中断
PUSH RS	1001	RS	**		RS→堆栈
POP RD	1010	**	RD		堆栈→RD
IRET	1011	**	**		中断返回
LAD M D，RD	1100	M	RD	D	E→RD
STA M D，RS	1101	M	RD	D	RD→E
JMP N D	1110	M	**	D	E→PC
BZC M D	1111	M	**	D	当 FC 或 FZ=1 时，E→PC
IN RD，P	0010	**	RD	P	[P]→RD
OUT P，RS	0011	RS	**	P	RS→[P]
LDI RD，D	0110	**	RD	D	D→RD
HALT	0101	**	**		停机

在表 3-7 中，D 为立即数，P 为外部设备的端口地址，RS 为源寄存器，RD 为目的寄存器，规定如表 3-8 所示。

表 3-8　规定

RS 或 RD	选定的寄存器
00	R0
01	R1
10	R2
11	R3

设定微指令格式，如表 3-9 所示。

根据指令系统要求设计微程序流程并确定微地址，得到微程序流程图，如图 3-16 所示。

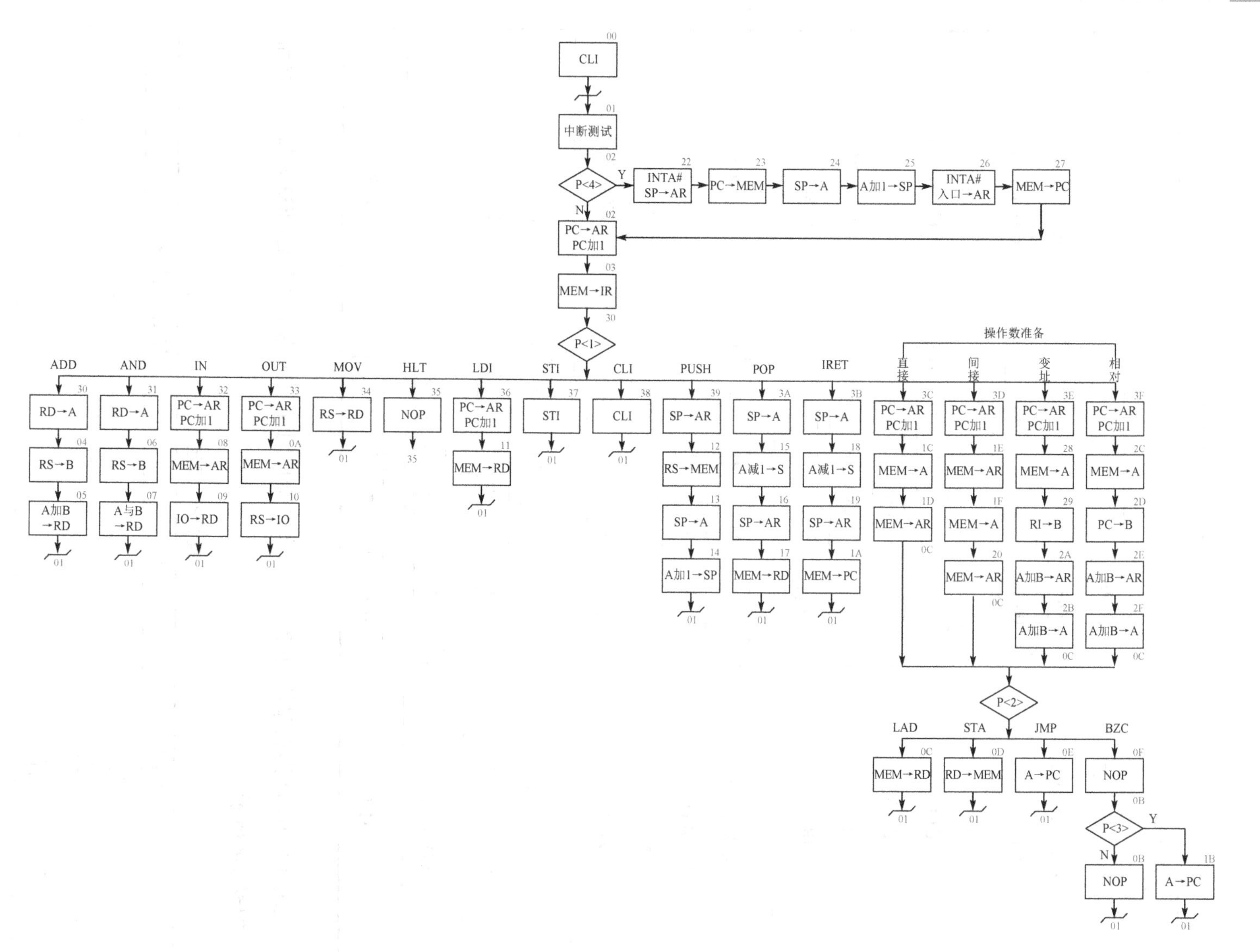
CLI
中断测试
P<4>
INTA#
SP→AR
PC→MEM
SP→A
A加1→SP
INTA#
入口→AR
MEM→PC
PC→AR
PC加1
MEM→IR
P<1>
ADD
AND
IN
OUT
MOV
HLT
LDI
STI
CLI
PUSH
POP
IRET
操作数准备
直接
间接
变址
相对
RD→A
RS→B
A加B
→RD
A与B
→RD
MEM→AR
IO→RD
RS→IO
RS→RD
NOP
MEM→RD
RS→MEM
A减1→S
MEM→A
RI→B
PC→B
A加B→AR
A加B→A
P<2>
LAD
STA
JMP
BZC
RD→MEM
A→PC
P<3>

图 3-16 微程序流程图

表 3-9 微指令格式

23	22	21	20	19	18～15	14～12	11～9	8～6	5～0
M23	$\overline{\text{INTA}}$	WR	RD	IOM	S3～S0	A 字段	B 字段	C 字段	MA5～MA0

A 字段

14	13	12	选择
0	0	0	NOP
0	0	1	LDA
0	1	0	LDB
0	1	1	LDRi
1	0	0	LDSP
1	0	1	LOAD
1	1	0	LDAR
1	1	1	LDIR

B 字段

11	10	9	选择
0	0	0	NOP
0	0	1	ALU_B
0	1	0	RO_B
0	1	1	PD_B
1	0	0	RI_B
1	0	1	SP_B
1	1	0	PC_B
1	1	1	保留

C 字段

8	7	6	选择
0	0	0	NOP
0	0	1	P<1>
0	1	0	P<2>
0	1	1	P<3>
1	0	0	P<4>
1	0	1	LDPC
1	1	0	STI
1	1	1	CLI

参照微程序流程图，将每条微指令代码化，译成二进制微代码表，如表 3-10 所示。

表 3-10 二进制微代码表

地址	十六进制表示	高五位	S3～S0	A 字段	B 字段	C 字段	UA5～UA0
00	00 01 C1	00000	0000	000	000	111	000001
01	00 01 02	00000	0000	000	000	100	000010
02	00 6D 43	00000	0000	110	110	101	000011
03	10 70 70	00010	0000	111	000	001	110000
04	00 24 05	00000	0000	010	011	000	000101
05	04 B2 01	00000	1001	011	001	000	000001
06	00 24 07	00000	0000	010	011	000	000111
07	01 32 01	00000	0010	011	001	000	000001
08	10 60 09	00010	0000	110	000	000	001001
09	18 30 01	00011	0000	011	000	000	000001
0A	10 60 10	00010	0000	110	000	000	010000
0B	00 00 01	00000	0000	000	000	000	000001
0C	10 30 01	00010	0000	011	000	000	000001
0D	20 06 01	00100	0000	000	001	100	000001
0E	00 53 41	00000	0000	101	001	101	000001
0F	00 00 CB	00000	0000	000	000	011	001011
10	28 04 01	00101	0000	000	010	000	000001
11	10 30 01	00010	0000	011	000	000	000001
12	20 04 13	00100	0000	000	010	000	010011
13	00 1A 14	00000	0000	001	101	000	010100
14	06 C2 01	00000	1101	100	001	000	000001
15	06 42 16	00000	1100	100	001	000	010110
16	00 6A 17	00000	0000	110	101	000	010111

续表

地址	十六进制表示	高五位	S3～S0	A 字段	B 字段	C 字段	UA5～UA0
17	10 30 01	00010	0000	011	000	000	000001
18	06 42 19	00000	1100	100	001	000	011001
19	00 6A1A	00000	0000	110	101	000	011010
1A	10 51 41	00010	0000	101	000	101	000001
1B	00 53 41	00000	0000	101	001	101	000001
1C	10 10 1D	00010	0000	001	000	000	011101
1D	10 60 8C	00010	0000	110	000	010	001100
1E	10 60 1F	00010	0000	110	000	000	011111
1F	10 10 20	00010	0000	001	000	000	100000
20	10 60 8C	00010	0000	110	000	010	001100
22	40 6A 23	01000	0000	110	101	000	100011
23	20 0C 24	00100	0000	000	110	000	100100
24	00 1A 25	00000	0000	001	101	000	100101
25	06 C2 26	00000	1101	100	001	000	100110
26	40 60 27	01000	0000	110	000	000	100111
27	10 51 42	00010	0000	101	000	101	000010
28	10 10 29	00010	0000	001	000	000	101001
29	00 28 2A	00000	0000	010	100	000	101010
2A	04 E2 2B	00000	1001	110	001	000	101011
2B	04 92 8C	00000	1001	001	001	010	001100
2C	10 10 2D	00010	0000	001	000	000	101101
2D	00 2C 2E	00000	0000	010	110	000	101110
2E	04 E2 2F	00000	1001	110	001	000	101111
2F	04 92 8C	00000	1001	001	001	010	001100
30	00 16 04	00000	0000	001	010	000	000100
31	00 16 06	00000	0000	001	010	000	000110
32	00 6D 48	00000	0000	110	110	101	001000
33	00 6D 4A	00000	0000	110	110	101	001010
34	00 34 01	00000	0000	011	010	000	000001
35	00 00 35	00000	0000	000	000	000	110101
36	00 6D 51	00000	0000	110	110	101	010001
37	00 01 81	00000	0000	000	000	110	000001
38	00 01 C1	00000	0000	000	000	111	000001
39	00 6A 12	00000	0000	110	101	000	010010
3A	00 1A 15	00000	0000	001	101	000	010101
3B	00 1A 18	00000	0000	001	101	000	011000
3C	00 6D 5C	00000	0000	110	110	101	011100
3D	00 6D 5E	00000	0000	110	110	101	011110
3E	00 6D 68	00000	0000	110	110	101	101000
3F	00 6D 6C	00000	0000	110	110	101	101100

根据现有指令，编写一段程序，在模型机上实现以下功能：从 IN 单元读入一个数据 *X*，并存于寄存器 R0，CPU 每响应一次中断，R0 中的数据加 1，并将结果输出至 OUT 单元。

根据以上要求可以得到如下程序，地址和内容均为二进制数。

地 址	内 容	助记符	说 明
00000000	01100000	; LDI R0,13H	将立即数 13H 装入 R0
00000001	00010011		
00000010	00110000	; OUT C0H,R0	将 R0 中的内容写入端口 C0H，即写
00000011	11000000	;	ICW1，边沿触发，单片模式，需 ICW4
00000100	01100000	; LDI R0,30H	将立即数 30H 装入 R0
00000101	00110000		
00000110	00110000	; OUT C1H,R0	将 R0 中的内容写入端口 C1H，即写
00000111	11000001	;	ICW2，中断向量为 30～37
00001000	01100000	; LDI R0,03H	将立即数 03H 装入 R0
00001001	00000011		
00001010	00110000	; OUT C1H,R0	将 R0 中的内容写入端口 C1H，即写
00001011	11000001	;	ICW4，非缓冲，86 模式，自动 EOI
00001100	01100000	; LDI R0,FEH	将立即数 FEH 装入 R0
00001101	11111110		
00001110	00110000	; OUT C1H,R0	将 R0 中的内容写入端口 C1H，即写
00001111	11000001	;	OCW1，只允许 IR0 请求
00010000	01100011	; LDI SP,A0H	初始化堆栈指针为 A0H
00010001	10100000		
00010010	01110000	; STI	CPU 开中断
00010011	00100000	; IN R0,00H	从端口 00H（IN 单元）读入计数初值
00010100	00000000		
00010101	01000001	; LOOP：MOV R1,R0	移动数据，并等待中断
00010110	11100000	; JMP LOOP	跳转，并等待中断
00010111	00010101		

以下为中断服务程序：

地址	内容	助记符	说明
00100000	0000000080	; CLI	CPU 关中断
00100001	0000000061	; LDI R1,01H	将立即数 01H 装入 R1
00100010	0000000001		
00100011	0000000004	; ADD R0,R1	将 R0 和 R1 相加，即计数值加 1
00100100	0000000030	; OUT 40H,R0	将计数值输出到端口 40H（OUT 单元）
00100101	0000000040		
00100110	0000000070	; STI	CPU 开中断
00100111	00000000B0	; IRET	中断返回
00110000	0000000020	;	IR0 的中断入口地址 20

五、实验步骤

（1）按照图 3-17 所示的实验接线图进行连线，连通无误后接通电源。

（2）写入实验程序，并进行校验，分两种方式：手动写入和联机写入。具体操作可参考 2.5 节微程序控制器实验。

本次实验程序如下，程序中的分号（;）为注释符，分号后面的内容在下载时将被忽略。

```
; //*******************************************//
; //      带中断处理能力的模型机设计实验指令文件          //
; //*******************************************//
; //***** Start of Main Memory Data *****//
  $P 00 60    ; LDI    R0,13H         将立即数 13H 装入 R0
  $P 01 13
  $P 02 30    ; OUT    C0H,R0         将 R0 中的内容写入端口 C0H，即写
  $P 03 C0    ;                       ICW1，边沿触发，单片模式，需要 ICW4
  $P 04 60    ; LDI    R0,30H         将立即数 30H 装入 R0
  $P 05 30
  $P 06 30    ; OUT    C1H,R0         将 R0 中的内容写入端口 C1H，即写
  $P 07 C1    ;                       ICW2，中断向量为 30～37
  $P 08 60    ; LDI    R0,03H         将立即数 03H 装入 R0
  $P 09 03
  $P 0A 30    ; OUT    C1H,R0         将 R0 中的内容写入端口 C1H，即写
  $P 0B C1    ;                       ICW4，非缓冲，86 模式，自动 EOI
  $P 0C 60    ; LDI    R0,FEH         将立即数 FEH 装入 R0
  $P 0D FE
```

```
$P 0E 30    ; OUT   C1H,R0           将 R0 中的内容写入端口 C1H，即写
$P 0F C1    ;                        OCW1，只允许 IR0 请求
$P 10 63    ; LDI   SP,A0H           初始化堆栈指针为 A0H
$P 11 A0
$P 12 70    ; STI                    CPU 开中断
$P 13 20    ; IN    R0,00H           从端口 00H（IN 单元）读入计数初值
$P 14 00
$P 15 41    ; LOOP：MOV R1,R0        移动数据，并等待中断
$P 16 E0    ; JMP   LOOP             跳转，并等待中断
$P 17 15

; 以下为中断服务程序：
$P 20 80    ; CLI                    CPU 关中断
$P 21 61    ; LDI   R1,01H           将立即数 01H 装入 R1
$P 22 01
$P 23 04    ; ADD   R0,R1            将 R0 和 R1 相加，即计数值加 1
$P 24 30    ; OUT   40H,R0           将计数值输出到端口 40H（OUT 单元）
$P 25 40
$P 26 70    ; STI                    CPU 开中断
$P 27 B0    ; IRET                   中断返回
$P 30 20    ;                        IR0 的中断入口地址 20
; //***** End of Main Memory Data *****//

; //** Start of MicroController Data **//
$M 00 0001C1      ; NOP
$M 01 000102      ; 中断测试, P<4>
$M 02 006D43      ; PC→AR, PC 加 1
$M 03 107070      ; MEM→IR, P<1>
$M 04 002405      ; RS→B
$M 05 04B201      ; A 加 B→RD
$M 06 002407      ; RS→B
$M 07 013201      ; A 与 B→RD
$M 08 106009      ; MEM→AR
$M 09 183001      ; IO→RD
$M 0A 106010      ; MEM→AR
$M 0B 000001      ; NOP
$M 0C 103001      ; MEM→RD
$M 0D 200601      ; RD→MEM
$M 0E 005341      ; A→PC
$M 0F 0000CB      ; NOP, P<3>
$M 10 280401      ; RS→IO
```

```
$M 11 103001        ; MEM→RD
$M 12 200413        ; RS→MEM
$M 13 001A14        ; SP→A
$M 14 06C201        ; A 加 1→SP
$M 15 064216        ; A 减 1→SP
$M 16 006A17        ; SP→AR
$M 17 103001        ; MEM→RD
$M 18 064219        ; A 减 1→SP
$M 19 006A1A        ; SP→AR
$M 1A 105141        ; MEM→PC
$M 1B 005341        ; A→PC
$M 1C 10101D        ; MEM→A
$M 1D 10608C        ; MEM→AR, P<2>
$M 1E 10601F        ; MEM→AR
$M 1F 101020        ; MEM→A
$M 20 10608C        ; MEM→AR, P<2>
$M 22 406A23        ; INTA#, SP→AR
$M 23 200C24        ; PC→MEM
$M 24 001A25        ; SP→A
$M 25 06C226        ; A 加 1→SP
$M 26 406027        ; INTA#, 入口→AR
$M 27 105142        ; MEM→PC
$M 28 101029        ; MEM→A
$M 29 00282A        ; RI→B
$M 2A 04E22B        ; A 加 B→AR
$M 2B 04928C        ; A 加 B→A, P<2>
$M 2C 10102D        ; MEM→A
$M 2D 002C2E        ; PC→B
$M 2E 04E22F        ; A 加 B→AR
$M 2F04928C         ; A 加 B→A, P<2>
$M 30 001604        ; RD→A
$M 31 001606        ; RD→A
$M 32 006D48        ; PC→AR, PC 加 1
$M 33 006D4A        ; PC→AR, PC 加 1
$M 34 003401        ; RS→RD
$M 35 000035        ; NOP
$M 36 006D51        ; PC→AR, PC 加 1
$M 37 000181        ; STI
$M 38 0001C1        ; CLI
$M 39 006A12        ; SP→AR
```

```
        $M 3A001A15        ; SP→A
        $M 3B 001A18       ; SP→A
        $M 3C 006D5C       ; PC→AR, PC 加 1
        $M 3D 006D5E       ; PC→AR, PC 加 1
        $M 3E 006D68       ; PC→AR, PC 加 1
        $M 3F 006D6C       ; PC→AR, PC 加 1
; //** End of MicroController Data **//
```

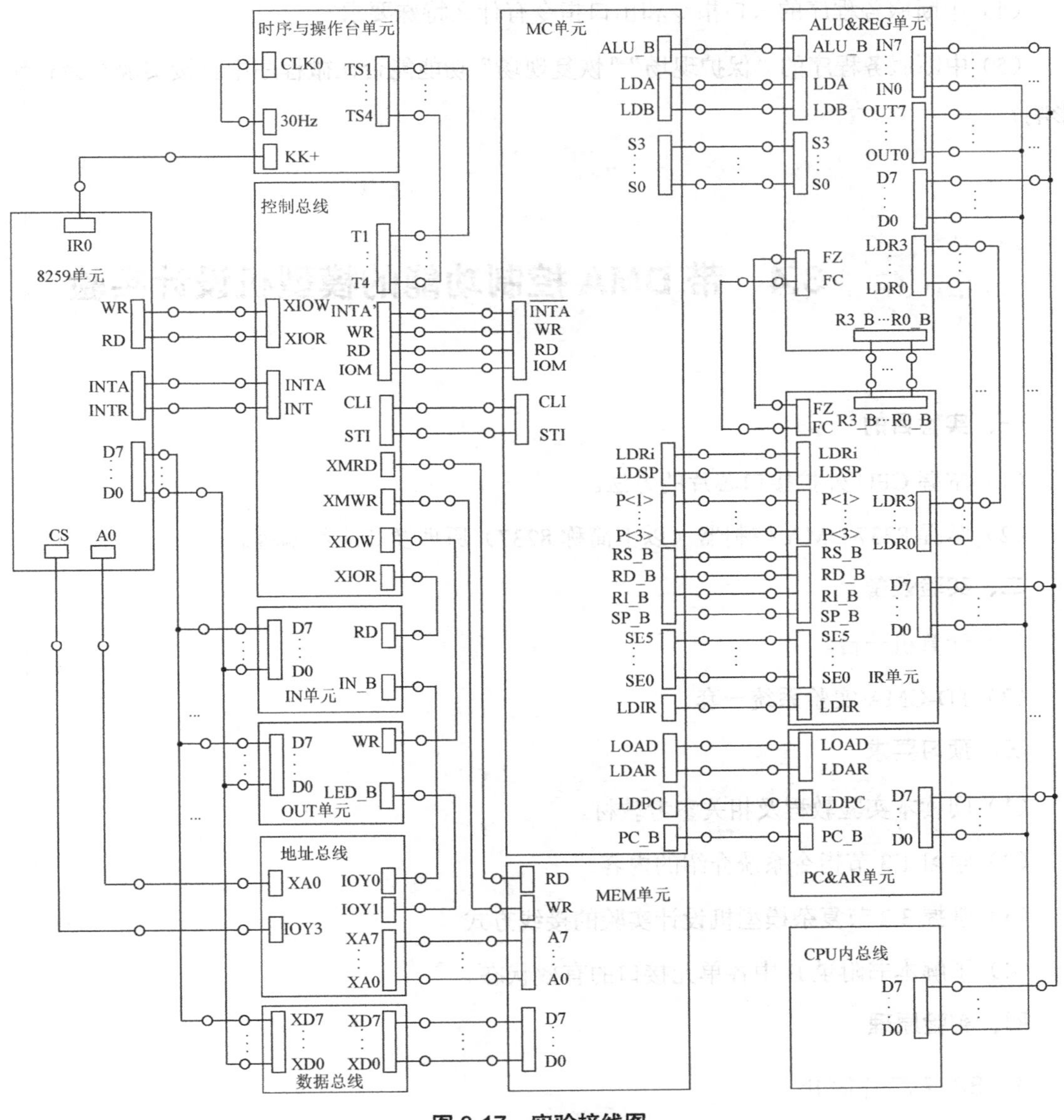

图 3-17　实验接线图

（3）运行程序。

具体操作可参考 2.5 节微程序控制器实验。

六、实验思考

（1）如何解释 P2、P4 条件跳转逻辑？

（2）中断向量保存在什么位置，如何访问？

（3）同一指令不同的寻址方式，能否用不同的操作码实现？能否用同一操作码实现？各有什么优点和缺点？

（4）中断服务程序的入口指令和出口指令有什么特殊要求？

（5）中断服务程序的“保护现场”“恢复现场”功能能否在微程序中直接实现？会有什么影响？

3.4 带 DMA 控制功能的模型机设计实验

一、实验目的

（1）掌握 CPU 外扩接口芯片的方法。

（2）掌握 8237 DMA 控制器（以下简称 8237）原理及其应用编程。

二、实验设备

（1）计算机一台。

（2）TD-CMA 实验系统一套。

三、预习要求

（1）阅读本实验教程及相关参考教材。

（2）学习 1.3 节指令系统介绍的内容。

（3）掌握 3.2 节复杂模型机设计实验的接线方式。

（4）了解本书附录 B 中各单元接口的有效状态。

四、实验原理

1. 8237 芯片简介

（1）8237 芯片引脚分配图如图 3-18 所示。

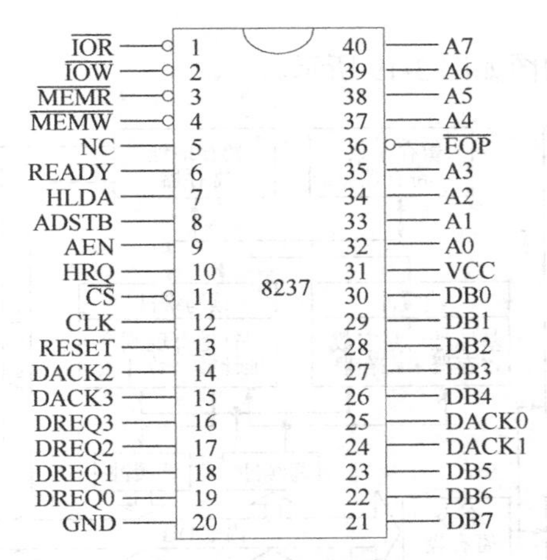

图 3-18　8237 芯片引脚分配图

8237 芯片引脚说明如下：

① A0～A3：双向地址线。

② A4～A7：三态输出线。

③ DB0～DB7：双向三态数据线。

④ $\overline{\text{IOW}}$：双向三态低电平有效的 I/O 写控制信号。

⑤ $\overline{\text{IOR}}$：双向三态低电平有效的 I/O 读控制信号。

⑥ $\overline{\text{MEMW}}$：双向三态低电平有效的存储器写控制信号。

⑦ $\overline{\text{MEMR}}$：双向三态低电平有效的存储器读控制信号。

⑧ ADSTB：地址选通信号。

⑨ AEN：地址允许信号。

⑩ $\overline{\text{CS}}$：片选信号。

⑪ RESET：复位信号。

⑫ READY：准备好输入信号。

⑬ HRQ：保持请求信号（对应实验箱上的 HREQ 引脚）。

⑭ HLDA：保持响应信号（对应实验箱上的 HACK 引脚）。

⑮ DREQ0～DREQ3：DMA 请求（通道 0～3）信号。

⑯ DACK0～DACK3：DMA 应答（通道 0～3）信号。

⑰ CLK：时钟输入。

⑱ $\overline{\text{EOP}}$：过程结束命令线。

（2）8237 芯片内部结构图如图 3-19 所示。

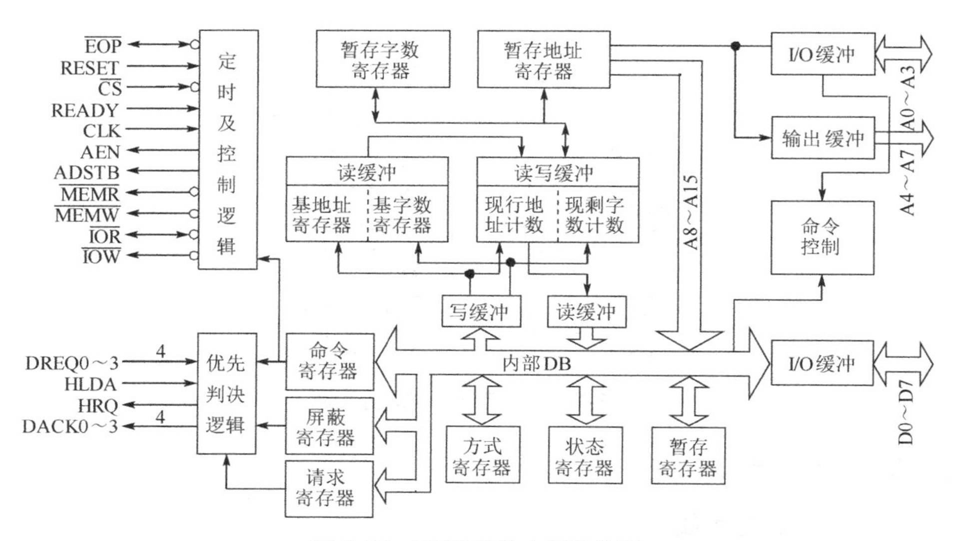

图 3-19　8237 芯片内部结构图

（3）8237 的寄存器定义如图 3-20 所示。

（4）8237 的初始化。

使用 DMA 控制器，必须对其进行初始化。8237 的初始化需要按一定的顺序对各寄存器进行写入操作，初始化顺序如下：

① 写主清除命令。

② 写地址寄存器。

③ 写字节计数寄存器。

④ 写工作方式寄存器。

⑤ 写命令寄存器。

⑥ 写屏蔽寄存器。

⑦ 写请求寄存器。

2. 8237 芯片外部连接

对于 CPU 外扩接口芯片，重点是要设计接口芯片数据线、地址线和控制线与 CPU 的挂接，8237 和 CPU 挂接图如图 3-21 所示。这里的模型计算机可以直接应用前面讲过的复杂模型机，I/O 地址空间分配如表 3-11 所示。

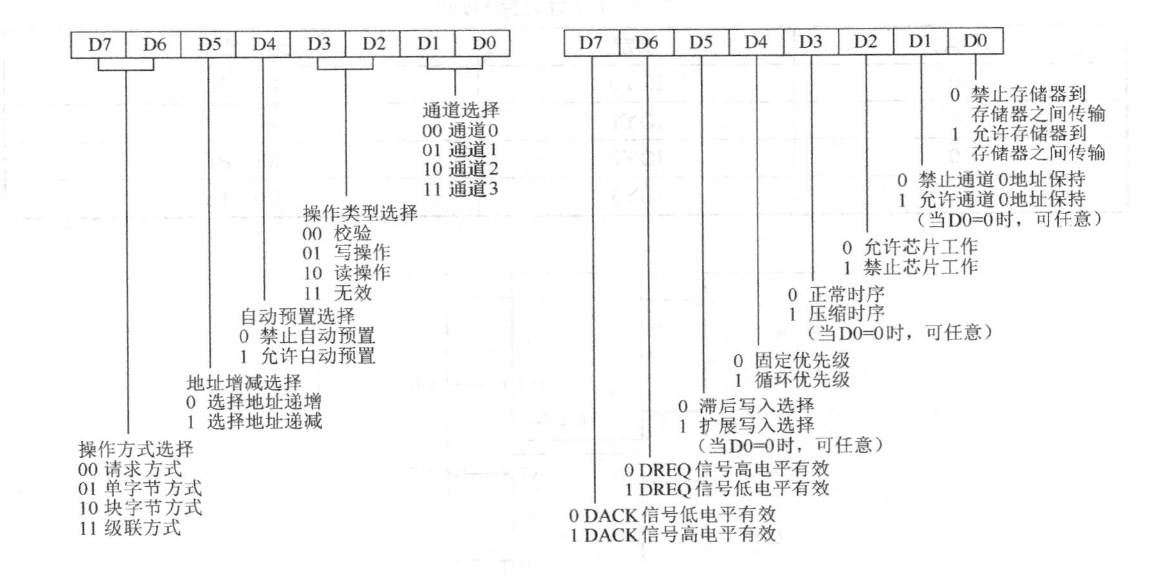

（a）方式寄存器　　（b）命令寄存器

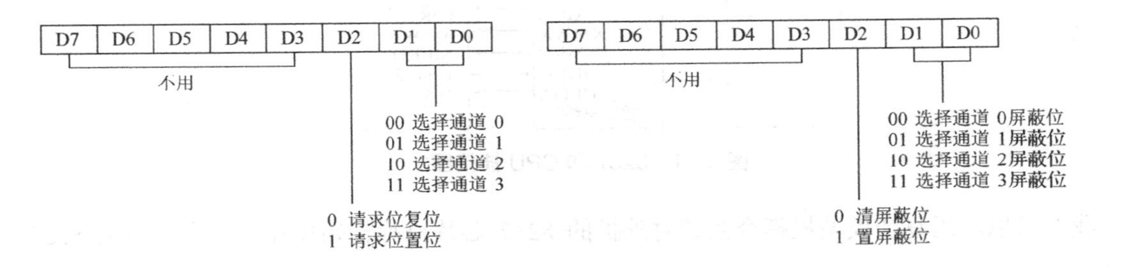

（c）请求寄存器　　（d）单通道屏蔽寄存器

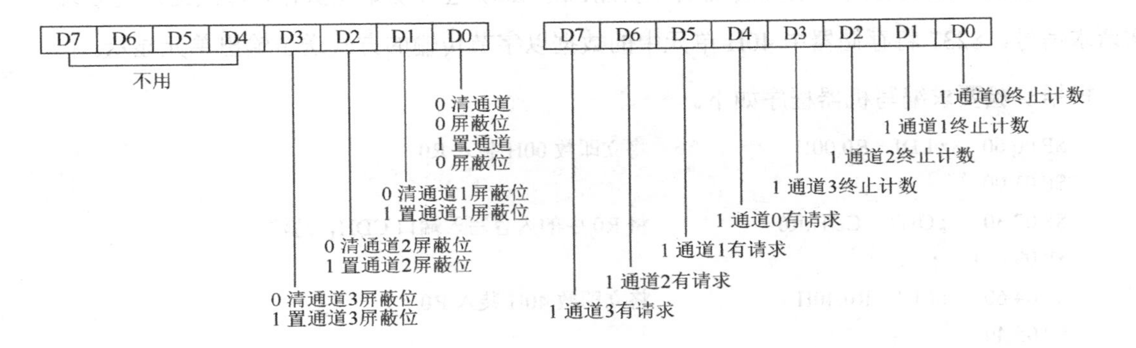

（e）多通道屏蔽寄存器　　（f）状态寄存器

图 3-20　8237 的寄存器定义

表 3-11 I/O 地址空间分配

A7A6	选定	地址空间
00	IOY0	00～3F
01	IOY1	40～7F
10	IOY2	80～BF
11	IOY3	C0～FF

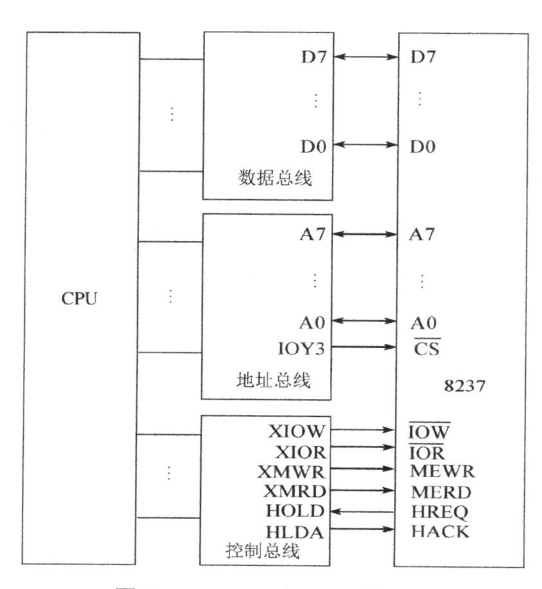

图 3-21 8237 和 CPU 挂接图

我们可以应用复杂模型机指令系统对外扩的 8237 芯片进行初始化操作。实验箱上 8237 芯片引脚都以排针形式引出。

应用复杂模型机的指令系统实现以下功能：对 8237 进行初始化操作，每次给通道 0 发一次请求信号，8237 将存储器中 40H 单元中的数据以字节传输的方式送至输出单元显示。

根据实验要求编写机器程序如下。

```
$P 00 60    ; LDI   R0,00H          将立即数 00H 装入 R0
$P 01 00
$P 02 30    ; OUT   CDH,R0          将 R0 中的内容写入端口 CDH，总清
$P 03 CD    ;
$P 04 60    ; LDI   R0,40H          将立即数 40H 装入 R0
$P 05 40
$P 06 30    ; OUT   C0H,R0          将 R0 中的内容写入端口 C0H，即写
$P 07 C0    ;                       通道 0 地址低八位
$P 08 60    ; LDI   R0,00H          将立即数 00H 装入 R0
$P 09 00
$P 0A 30    ; OUT   C0H,R0          将 R0 中的内容写入端口 C0H，即写
```

```
$P 0B C0    ;                   通道 0 地址高八位
$P 0C 60    ; LDI   R0,00H      将立即数 00H 装入 R0
$P 0D 00
$P 0E 30    ; OUT   C1H,R0      将 R0 中的内容写入端口 C1H，即写
$P 0F C1    ;                   通道 0 传送字节数低八位
$P 10 60    ; LDI   R0,00H      将立即数 00H 装入 R0
$P 11 00
$P 12 30    ; OUT   C1H,R0      将 R0 中的内容写入端口 C1H，即写
$P 13 C1    ;                   通道 0 传送字节数高八位
$P 14 60    ; LDI   R0,18H      将立即数 18H 装入 R0
$P 15 18
$P 16 30    ; OUT   CBH,R0      将 R0 中的内容写入端口 CBH，即写
$P 17 CB    ;                   通道 0 方式字
$P 18 60    ; LDI   R0,00H      将立即数 00H 装入 R0
$P 19 00
$P 1A 30    ; OUT   C8H,R0      将 R0 中的内容写入端口 C8H，即写
$P 1B C8    ;                   命令字
$P 1C 60    ; LDI   R0,0EH      将立即数 0EH 装入 R0
$P 1D 0E
$P 1E 30    ; OUT   CFH,R0      将 R0 中的内容写入端口 CFH，即写
$P 1F CF    ;                   主屏蔽寄存器
$P 20 60    ; LDI   R0,00H      将立即数 00H 装入 R0
$P 21 00
$P 22 30    ; OUT   C9H,R0      将 R0 中的内容写入端口 C9H，即写
$P 23 C9    ;                   请求字
$P 24 60    ; LDI   R0,00H      将立即数 00H 装入 R0
$P 25 00
$P 26 61    ; LDI   01H,R1      将立即数 01H 装入 R1
$P 27 01    ;
$P 28 04    ; ADD   R0,R1       R0+R1→R0
$P 29 D0    ; STA   40H,R0      将 R0 中的内容存入 40H
$P 2A 40    ;
$P 2B E0    ; JMP   26H
$P 2C 26    ;
$P 2D 50    ; HLT
;//*****数据*****//
$P 40 00
```

五、实验步骤

（1）在复杂模型机实验接线图的基础上，再增加本实验 8237 部分的接线。实验接线图如图 3-22 所示。

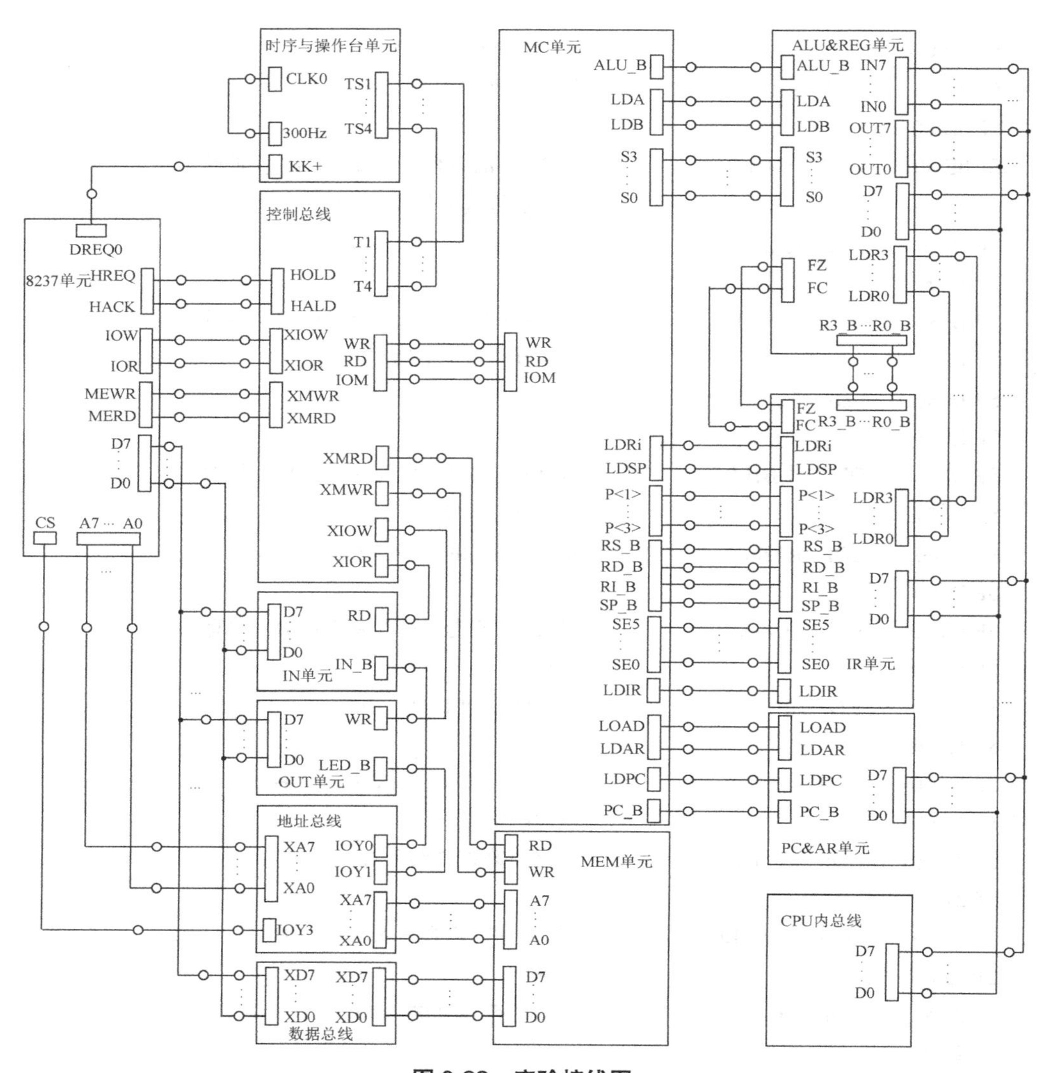

图 3-22　实验接线图

（2）本实验只用了 8237 的 0 通道，将它设置成请求方式。将 DREQ0 接至脉冲信号源 KK+上。

（3）沿用复杂模型机的微程序，选择联机软件的“转储”→“装载”功能，在打开的文件对话框中选择“带 DMA 的模型机设计实验.txt”文件，软件会自动将机器程序和微程序写入指定单元。

（4）运行上述程序。

将时序与操作台单元的开关 KK1、KK3 置为“运行”挡，按动 CON 单元的 CLR 总清按钮，使程序计数器、地址寄存器和微程序地址为 00H，程序可以从头开始运行，暂存器 A、暂存器 B、指令寄存器 IR 和 OUT 单元也会被清零。

将时序与操作台单元的开关KK2置为“连续”挡，按动一次ST按钮，即可连续运行指令，按动KK开关，每按动一次，OUT单元会显示循环程序段（26H～2CH）已执行的次数[由于存储单元40H初始值为“0”，循环程序段（26H～2CH）每执行一次，存储单元40H中的数据加1，所以存储单元40H中的值就是循环程序段（26H～2CH）已执行的次数]。

六、实验思考

（1）DMA控制器内部有多个控制寄存器，它们的功能分别是什么？

（2）要实现DMA控制功能，最少要用到哪几个寄存器？

（3）CPU需要将哪些信息传送给8237以启动DMA过程？

（4）DMA过程完成后，8237可以通过什么方式通知CPU？

3.5 典型I/O接口8253扩展设计实验

一、实验目的

（1）掌握CPU外扩接口芯片的方法。

（2）掌握8253定时器/计数器（以下简称8253）的原理及其应用编程。

二、实验设备

（1）计算机一台。

（2）TD-CMA实验系统一套。

三、预习要求

（1）阅读本实验教程及相关教材。

（2）学习1.3节指令系统介绍。

（3）掌握3.2节讲述的复杂模型机设计实验的接线方式。

（4）了解本书附录B中各单元接口的有效状态。

四、实验原理

1. 8253芯片引脚说明

（1）8253芯片引脚分配图如图3-23所示。

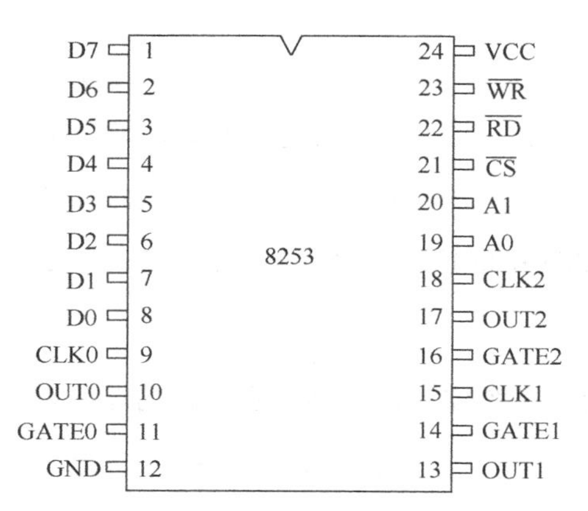

图 3-23　8253 芯片引脚分配图

（2）8253 芯片引脚说明如下：

① D7～D0：数据线。

② $\overline{CS}$：片选信号，低电平有效。

③ A0、A1：用来选择三个计数器及控制寄存器。

④ $\overline{RD}$：读信号，低电平有效。它控制 8253 将数据或状态信息送至 CPU。

⑤ $\overline{WR}$：写信号，低电平有效。它将 CPU 输出的数据或命令信号写入 8253。

⑥ CLK*n*、GATE*n*、OUT*n*：分别为 3 个计数器的时钟、门控信号及输出端。

$\overline{CS}$、$\overline{RD}$、$\overline{WR}$、A1、A0 5 个引脚电平与 8253 芯片的操作关系如表 3-11 所示。

表 3-11　$\overline{CS}$、$\overline{RD}$、$\overline{WR}$、A1、A0 5 个引脚电平与 8253 芯片的操作关系

$\overline{CS}$	$\overline{RD}$	$\overline{WR}$	A1	A0	寄存器选择和操作
0	1	0	0	0	写入寄存器#0
0	1	0	0	1	写入寄存器#1
0	1	0	1	0	写入寄存器#2
0	1	0	1	1	写入控制寄存器
0	0	1	0	0	读计数器#0
0	0	1	0	1	读计数器#1
0	0	1	1	0	读计数器#2
0	0	1	1	1	无操作（3 态）
1	×	×	×	×	禁止（3 态）
0	0	1	×	×	无操作（3 态）

注：表中“×”表示任意态。

2. 8253 芯片外部连接

对于 CPU 外扩接口芯片，重点是要设计接口芯片的数据线、地址线和控制线与 CPU 的挂接，8253 芯片和 CPU 挂接图如图 3-24 所示。这里的模型计算机可以直接应用前面讲述的复杂模型机，I/O 地址空间分配如表 3-12 所示。

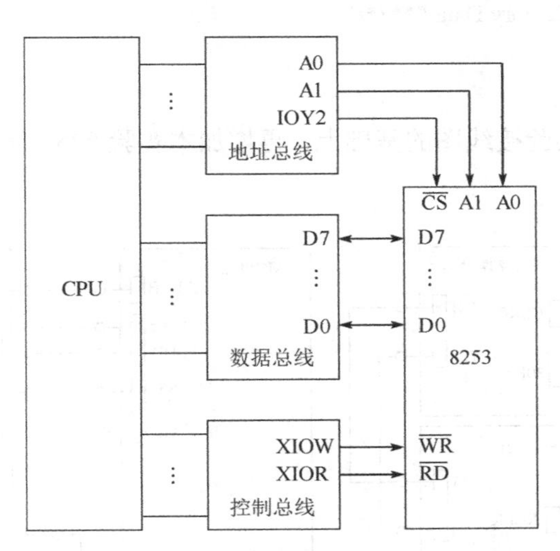

图 3-24 8253 芯片和 CPU 挂接图

表 3-12 I/O 地址空间分配

A7A6	选　定	地 址 空 间
00	IOY0	00～3F
01	IOY1	40～7F
10	IOY2	80～BF
11	IOY3	C0～FF

我们可以应用复杂模型机指令系统的 IN、OUT 指令对外扩的 8253 芯片进行操作。实验箱上 8253 的 GATE0 已接为高电平，其余都以排针形式引出。

应用复杂模型机的指令系统实现以下功能：对 8253 进行初始化操作，使其以 IN 单元数据 *N* 为计数初值，在 OUT 端输出方波，8253 的输入时钟为系统总线上的 XCLK。

根据实验要求编写机器程序如下。

```
; //***** Start of Main Memory Data *****//
  $P 00 21    ; IN    R1,00H   IN→R1
  $P 01 00
  $P 02 C0    ; LAD   R0,30H        将 30H 单元数据送至 R0（直接寻址）
  $P 03 30
  $P 04 30    ; OUT   83H,R0        将 R0 中的内容写入 83H 端口（写控制字）
  $P 05 83
  $P 06 34    ; OUT   80H,R1        将 R1 中的内容写入 80H 端口（写 0 通道低字节）
  $P 07 80
  $P 08 50    ; HLT                 停机
```

```
$P 30 16        ;               控制字
; //***** End of Main Memory Data *****//
```

五、实验步骤

（1）在复杂模型机实验接线图的基础上，再增加本实验 8253 部分的接线，实验接线图如图 3-25 所示。

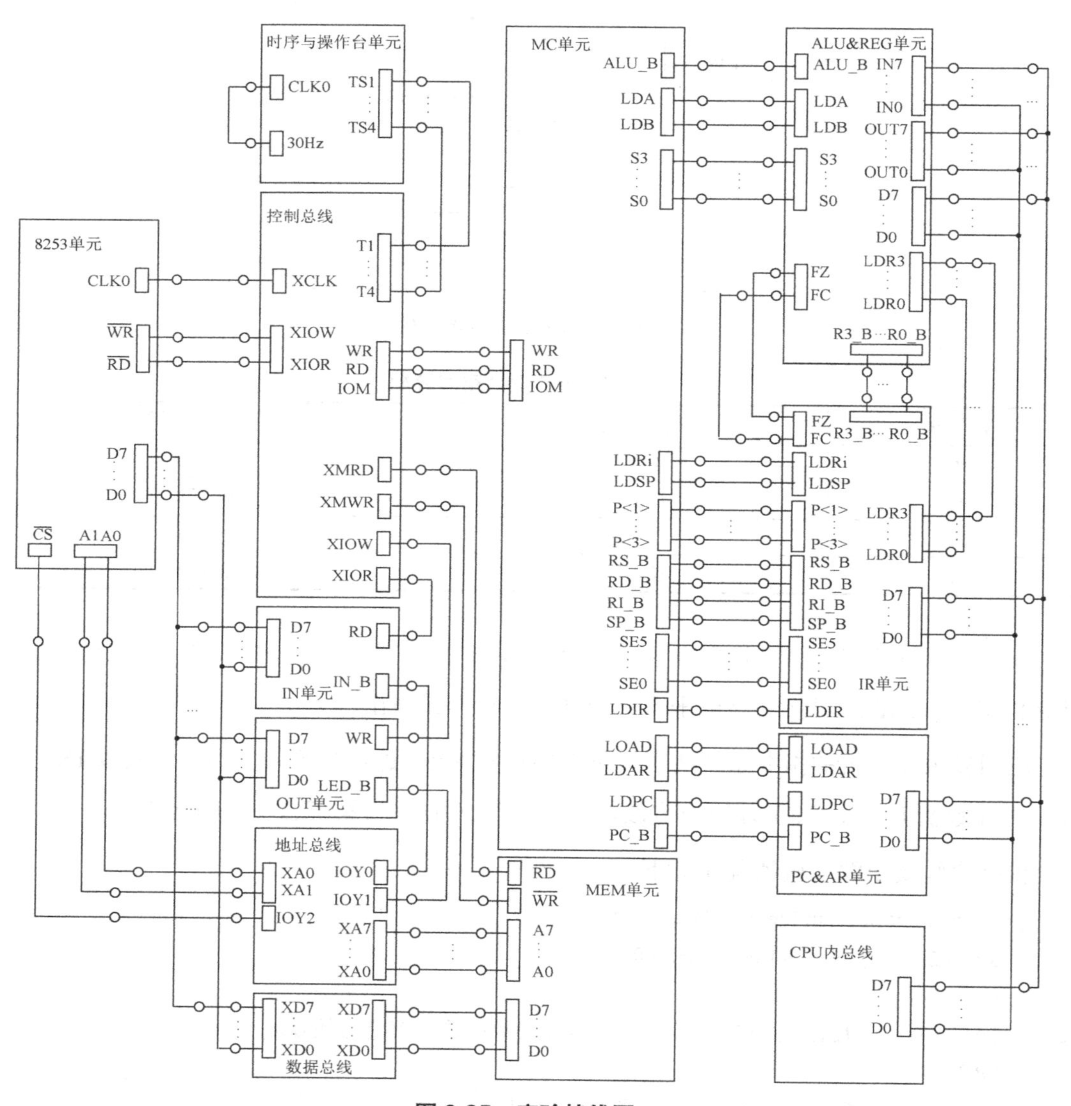

图 3-25　实验接线图

（2）本实验只用了计数器 0 通道，将它设置成方波速率发生器。CLK0 接至系统总线的 XCLK 上；GATE0=1（已常接高电平）时，允许计数。OUT0 是方波输出端。

30H 单元存放的数 16H 为 8253 的控制字，它的功能：选择计数器 0，只读/写最低的有效字节，选择方式3，采用二进制。IN单元开关的置数 N 为计数值，即输出 N 个CLK脉冲的方波。

（3）微程序沿用复杂模型机的微代码程序，选择联机软件的“转储”→“装载”功能，在打开的文件对话框中选择“典型IO接口8253扩展设计实验.txt”，软件自动将机器程序和微程序写入指定单元。

（4）运行上述程序，分两种情况：本机方式或联机方式。采用本机方式运行程序时，要借助示波器来观测8253的输入和输出波形。而采用联机方式时，可用联机操作软件的示波器功能观测8253的OUT0端和系统总线的XCLK端的波形。进入软件界面，选择菜单命令“实验”→“CISC 实验”，打开相应的数据通路图，选择相应的功能命令，即可联机运行、调试程序。当机器指令执行到HLT指令时，停止运行程序，再选择菜单命令“波形”→“打开”，打开示波器窗口，选择菜单命令“波形”→“运行”，启动逻辑示波器，就能观测到OUT0端和系统总线的XCLK端的波形。将开关置不同的计数值，按下CON单元的CLR总清按钮，再运行机器指令后，可观测到OUT0端输出波形的频率变化。

六、实验思考

（1）8253内部共有几个计数器/定时器？它们之间有什么关联？

（2）多个计数器能否同时工作且输出不同的波形？

（3）如何利用8253的输出信号为应用程序提供时间基准，实现定时事务处理功能？

第4章　基于EDA平台的实验项目

本章为基于EDA平台的实验项目，首先介绍了相关的实验基础知识，并设计了一个EDA平台认识实验来帮助学生熟悉EDA平台的使用，后续提供了5个实验项目，目的是使学生更加深入地掌握计算机组成原理，培养学生的动手能力、工程意识和创新能力。

4.1　Verilog HDL 语言基础知识

4.1.1　Verilog HDL 语言概述

Verilog HDL 语言是一种硬件描述语言，用于从算法级、门级到开关级的多种抽象设计层次的数字系统建模。被建模的数字系统对象的复杂性可以介于简单的门和完整的电子数字系统之间。数字系统能够按层次描述，还可以在相同描述中显式地进行时序建模。

Verilog HDL 语言具有以下能力：可以描述设计的行为特性、设计的数据流特性、设计的结构组成，以及包含响应监控和设计验证方面的时延和波形产生机制。此外，Verilog HDL 语言提供了编程语言接口，通过该接口可以在模拟、验证期间从设计外部访问设计，包括模拟的具体控制和运行。

Verilog HDL 语言不仅定义了语法，还对每个语法结构都定义了清晰的模拟、仿真语义。因此，用这种语言编写的模型能够使用 Verilog 仿真器进行验证。Verilog HDL 语言从 C 语言中借鉴了多种操作符和结构。此外，Verilog HDL 语言还提供了扩展的建模能力。

4.1.2 Verilog HDL 语言简单示例

如图 4-1 所示，该器件为一个数据选择器，其中 IN0、IN1、SEL 为输入信号，IN0、IN1 均为 8 位二进制数，SEL 为 1 位地址信号；OUT 为 8 位二进制数输出信号。输入、输出关系为：当 SEL=0 时，OUT=IN0；当 SEL=1 时，OUT=IN1。

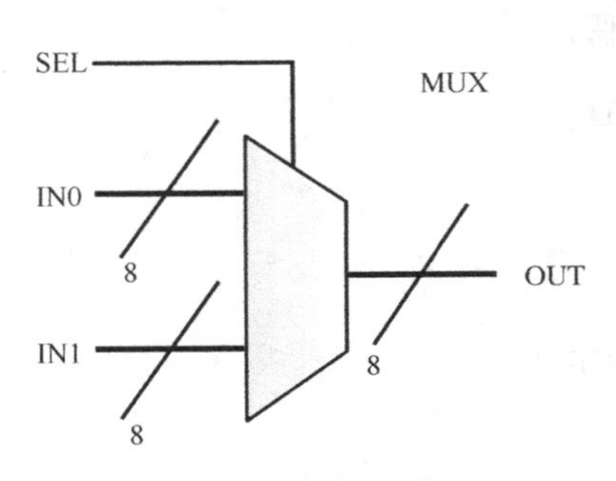

图 4-1 数据选择器

其 Verilog HDL 语言源代码如下：

```
module MUX（OUT,IN0,IN1,SEL）;                ——模块名，输入、输出列表部分
    parameter N = 8;                          ——参数部分，表示数据位数
    output[N:1] OUT;                          ——输出端口描述
    input[N:1] IN0,IN1;                       ——输入端口描述
    input SEL;
    assign OUT = SEL ? IN1 : IN0;             ——逻辑功能描述
    endmodule      ——表明该程序为模块结构，其内容包含在 module 与 endmodule 之间
```

4.1.3 Verilog HDL 语言语法特点

1. 基本语法

Verilog HDL 语言区分大、小写。

Verilog HDL 语言的关键字都是小写。

module、endmodule 用于定义一个基本模块，这两个关键字间的语句是对该模块的描述，便于复用。

parameter 关键字用于定义一个参数，增强模块的通用性。

input、output 关键字用于指定输入、输出。

reg 类的变量用<=赋值，赋值符号左侧是寄存器，赋值符号右侧是更新的值。

assign 关键字用于描述组合逻辑，输出只与当前输入有关。

initial begin、end 语句块用于指明初始化语句，这部分指令在系统上电后直接执行。

2. 数据类型

（1）四值逻辑。

0：逻辑低电平，条件为假。

1：逻辑高电平，条件为真。

z：高阻态，浮动。

x：未知逻辑电平。

信号强度（从强到弱）如下。

supply：驱动。

strong：驱动。

pull：驱动。

large：存储。

weak：驱动。

medium：存储。

small：存储。

highz：高阻态。

上面列出了 Verilog HDL 语言采用的具有 8 种信号强度的四值逻辑，数字电路中的信号可以用逻辑值、信号强度加以描述。当系统遇到信号之间的竞争时，需要考虑各组信号的状态和强度。如果驱动统一线网的信号强度不同，则输出结果为信号强度高的值；如果两个强度相同的信号连接到同一个线网上，它们会发生竞争，结果为不确定值 *x*。

（2）线网与寄存器。

Verilog HDL 语言用到的所有变量都属于两个基本类型：线网类型和寄存器类型。线网与我们实际使用的电线类似，它的数值一般只由赋值符右侧连接的驱动源决定。线网在初始化之前的值为 *x*（trireg 类型的线网除外）。如果未连接驱动源，则该线网变量的当前数值为 *z*，即高阻态。线网类型的变量有以下几种：wire、tri、wor、trior、wand、triand、tri0、tri1、supply0、supply1、trireg，其中 wire 普遍用于一般的电路连线。当进行模块的端口声明时，如果没有明确指出其类型，那么这个端口会被隐式地声明为 wire 类型。寄存器可以保存当前数值，直到另一个数值被赋给该寄存器。在保持当前数值的过程中，不需要驱动源对该寄存器进行作用。如果未对寄存器变量赋值，则它的初始值为 *x*。寄存器类型的变量有以下几种：reg（普通寄存器）、integer（整数）、time（时间）、real（实数），其中 reg 普遍用于一般的寄存器。

（3）数字的表示。

数字表示的基本语法结构为：<位宽>'<数制的符号><数值>。

位宽由数据大小相等的对应二进制数的位数加上占位所用 0 的位数构成，此位数需要使用十进制来表示。位宽是可选项，如果没有指明位宽，则默认的数据位宽与仿真器有关（最小 32 位）；数制需要用字母来表示（大、小写均可），h 对应十六进制，d 对应十进制，o 对应八进制，b 对应二进制。如果没有指明数制，则默认数制为十进制数。

例如：

```
12'h123：十六进制数 123（使用 12 位）
20'd44：十进制数 44（使用 20 位，高位自动使用 0 填充）
4'b1010：二进制数 1010（使用 4 位）
6'o77：八进制数 77（使用 6 位）
```

如果需要使用 reg 表示负数，可以在位宽前面添加一个负号，但是此时后面的数值为所需负数的二进制补码。为了防止出错，可以直接使用整数 integer 或实数 real，二者都是带符号数，再利用省略位宽和数制的十进制数来表示负数。

（4）向量。

在 Verilog HDL 语言中，标量的意思是只具有一个二进制位的变量，而向量表示具有多个二进制位的变量。如果没有特别指明位宽，系统默认它为标量。

向量的表示需要使用方括号，方括号中的第一个数字为向量第一个分量的序号，第二个数字为向量最后一个分量的序号，中间用冒号隔开。

例如：

```
wire [3:0] input_add;        //声明名为 input_add 的 4 位 wire 型向量
wire [4:1] input_add1;       //4 位 wire 型向量，其分量序号为从 4 到 1
wire [0:3] input_add2;       //4 位 wire 型向量，其分量序号为从 0 到 3
input_add [3] = 1'b1;        //将 1 赋给 input_add 向量的第 3 位（最高位）
input_add [1:0] = 2'b01;     //将 0 和 1 分别赋给 input_add 向量的第 1、0 位（最低两位）
```

当对向量进行赋值时，如果右边的数值位宽大于左边的变量，则多出来的位会被丢弃；如果右边的数值位宽小于左边的变量，则不够的位要用 0 填补。

（5）数组。

声明数组时，方括号位于数组名后面，括号内的第一个数字为第一个元素的序号，第二个数字为最后一个元素的序号，中间用冒号隔开。如果数组是由向量构成的，则数组中的每个元素都是向量。

例如：

```
integer number [0:100];          //声明一个有 101 个元素的整数数组
number [25] = 1234;              //将 1234 赋给 25 号（第 26 个）元素
reg [7:0] my_input [65535:0];    //声明一个有 65536 个元素的 8 位向量寄存器
```

（6）参数。

可以通过 parameter 关键字声明参数。参数与常数的意义类似，不能通过赋值运算改变其数值。在模块进行实例化时，可以通过 defparam，即参数重载语句块来改变模块实例的参数。另一种方法是在模块实例化时，使用#()将所需的实例参数覆盖模块的默认参数。局部参数可以用 localparam 关键字声明，它不能进行参数重载。

3. 运算符

（1）按位。

按位取反（~）：对 1 个多位操作数按位进行取反运算。

按位与（&）：对 2 个多位操作数按位进行与运算，各位的结果按顺序组成一个新的多位数。

按位或（|）：对 2 个多位操作数按位进行或运算，各位的结果按顺序组成一个新的多位数。

按位异或（^）：对 2 个多位操作数按位进行异或运算，各位的结果按顺序组成一个新的多位数。

按位同或（~^或^~）：对 2 个多位操作数按位进行同或运算，各位的结果按顺序组成一个新的多位数。

（2）逻辑。

逻辑取反（!）：对 1 个操作数进行逻辑取反运算，如果这个操作数为 0，则结果为 1；如果这个操作数不为 0，则结果为 0。

逻辑与（&&）：对 2 个操作数进行逻辑与运算，如果二者同为 0 或同不为 0，则结果为 1，否则为 0。

逻辑或（||）：对 2 个操作数进行逻辑或运算，如果二者中至少有一个不为 0，则结果为 1，

否则为0。

（3）缩减。

缩减与（&）：对1个多位操作数进行缩减与运算，先将它的最高位与次高位进行与运算，再将其结果与下一位进行与运算，直到最低位。例如，&（4'b1011）的结果为0。

缩减与非（~&）：对1个多位操作数进行缩减与非运算，先将它的最高位与次高位进行与非运算，再将其结果与下一位进行与非运算，直到最低位。例如，~&（4'b1011）的结果为1。

缩减或（|）：对1个多位操作数进行缩减或运算，先将它的最高位与次高位进行或运算，再将其结果与下一位进行或运算，直到最低位。例如，|（4'b1011）的结果为1。

缩减或非（~|）：对1个多位操作数进行缩减或非运算，先将它的最高位与次高位进行或非运算，再将其结果与下一位进行或非运算，直到最低位。例如，~|（4'b1011）的结果为0。

缩减异或（^）：对1个多位操作数进行缩减异或运算，先将它的最高位与次高位进行异或运算，再将其结果与下一位进行异或运算，直到最低位。例如，^（4'b1011）的结果为1。

缩减同或（~^或^~）：对1个多位操作数进行缩减同或运算，先将它的最高位与次高位进行同或运算，再将其结果与下一位进行同或运算，直到最低位。例如：~^（4'b1011）的结果为0。

（4）算术。

加（+）、减（-）、乘（*）、除（/）。

求幂（**）：2个操作数求幂，前一个操作数为底数，后一个操作数为指数。

（5）关系。

大于（>）、小于（<）、大于或等于（>=）、小于或等于（<=）。

逻辑相等（==）：比较2个操作数，如果各位均相等，结果为真；如果其中任何一个操作数中含有x或z，则结果为x。

逻辑不等（!=）：比较2个操作数，如果各位不完全相等，结果为真；如果其中任何一个操作数中含有x或z，则结果为x。

case相等（===）：比较2个操作数，如果各位（包括x和z位）均相等，结果为真。

case不等（!==）：比较2个操作数，如果各位（包括x和z位）不完全相等，结果为真。

（6）移位。

逻辑右移（>>）：1 个操作数向右移位，产生的空位用 0 填充。

逻辑左移（<<）：1 个操作数向左移位，产生的空位用 0 填充。

算术右移（>>>）：1 个操作数向右移位。如果是无符号数，则产生的空位用 0 填充；如果是有符号数，则用其符号位填充空位。

算术左移（<<<）：1 个操作数向左移位，产生的空位用 0 填充。

（7）其他。

拼接（{,}）：2 个操作数分别作为高、低位进行拼接。例如，{2'b10,2'b11}的结果是 a'b1011。

重复（{n{m}}）：将操作数 m 重复 n 次，拼接成一个多位数。例如，A=2'b01，则{2{A}}的结果是 4'b0101。

条件（?:）：根据“？”前的表达式是否为真，选择执行后面位于“:”左右的两个语句。例如，（a>b）?（a=a-1）:（b=b-2），如果 a 大于 b，则将 a-1 的值赋给 a，否则将 b-2 的值赋给 b。

4. 模块语法

一个模块的基本语法如下。

```
module module_name (port1, port2, . . .);
//Declarations:
input, output, inout,
reg, wire, parameter,
function, task, . . .
//Statements:
Initial statement
Always statement
Module instantiation
Gate instantiation
Continuous assignment
endmodule
```

模块的结构需按上面的顺序安排，声明区用来对信号方向、信号数据类型、函数、任务、参数等进行描述。语句区用来对功能进行描述，如器件调用（Module instantiation）。

4.2 Quartus II 的基本使用方法

4.2.1 Quartus II 概述

Quartus II 是 Altera 公司的综合性 FPGA/CPLD 开发软件，内嵌自有的综合器及仿真器，可以完成从设计输入到硬件配置的完整 PLD 设计流程。

Quartus II 可以在 Windows、Linux 及 UNIX 上使用，除了可以使用 Tcl 脚本完成设计流程，还提供了完善的用户图形界面设计方式，具有运行速度快、界面统一、功能集中、易学易用等特点。Quartus II 支持 Altera 的 IP 核，包含 LPM/MegaFunction 宏功能模块库，用户可以充分利用成熟的模块，从而简化设计的复杂性，加快设计速度。Quartus II 对第三方 EDA 工具的良好支持也使用户可以在设计流程的各个阶段使用熟悉的第三方 EDA 工具。

此外，Quartus II 通过与 DSP Builder 工具和 Matlab/Simulink 相结合，可以方便地实现各种 DSP 应用系统的操作；Quartus II 支持 Altera 的片上可编程系统（SOPC）开发，集系统级设计、嵌入式软件开发、可编程逻辑设计于一体，是一种综合性的开发平台。

4.2.2 Quartus II 使用教程

（1）打开 Quartus II 主界面，执行 File→New→New Quartus II Project 命令，如图 4-2 所示。

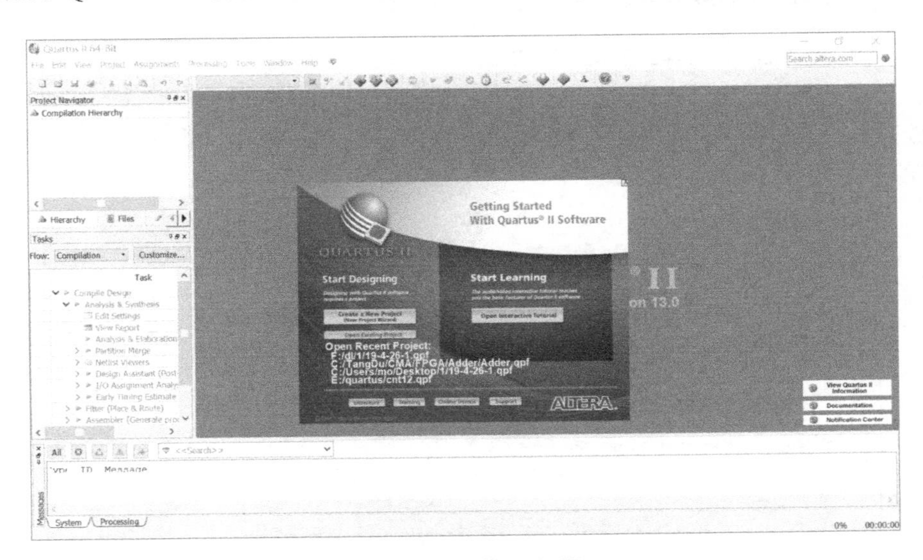

图 4-2 Quartus II 主界面

（2）指明工程所在的工作库文件夹、工程名称及顶层文件实体名称，如图 4-3 所示。

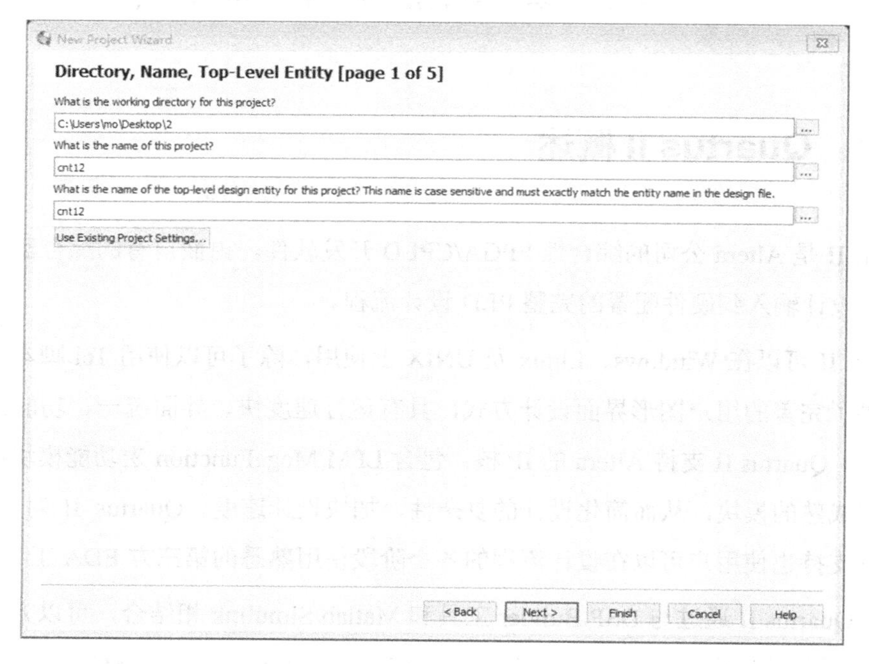

图 4-3　工程名称界面

（3）如图 4-4 所示，该界面可以将设计文件加入工程，此处可以直接单击“Next”按钮，进行下一步。

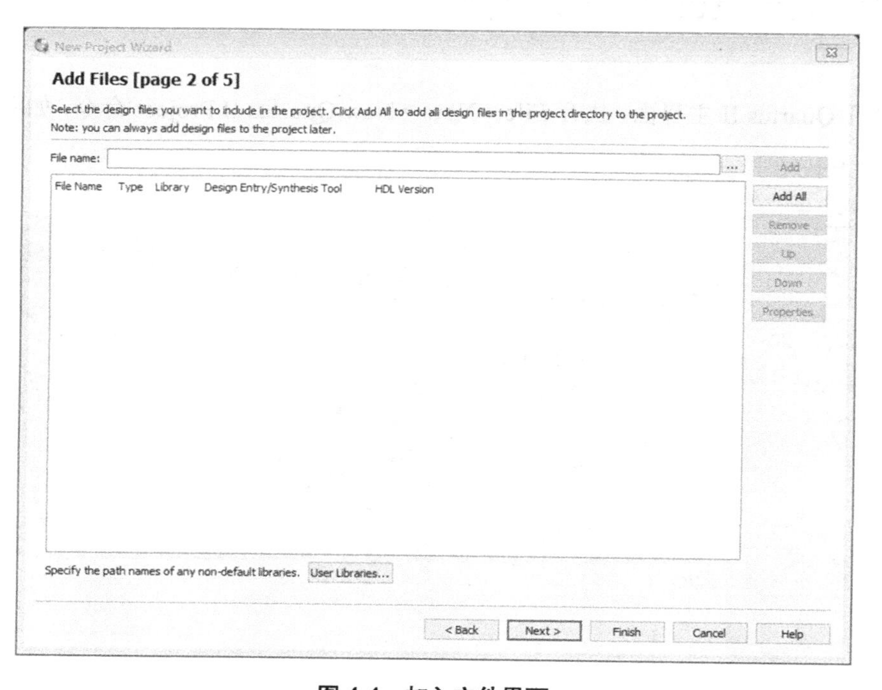

图 4-4　加入文件界面

（4）芯片选择界面如图4-5所示，此处应根据实验仪器进行选择。

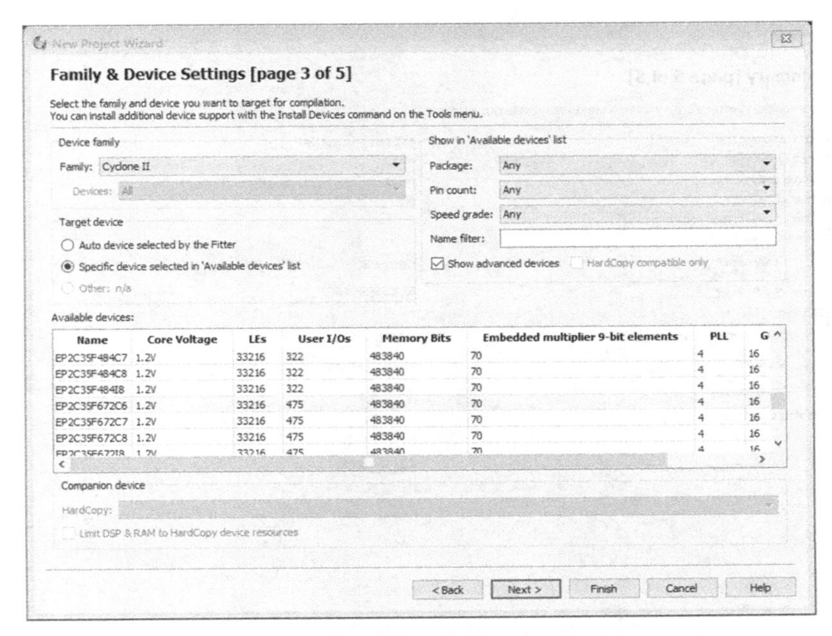

图4-5　芯片选择界面

（5）仿真器选择界面如图4-6所示。Quartus II软件内部嵌有VHDL、Verilog HDL的逻辑综合器，也可以调用第三方如Leonard Spectrum、Synplify Pro、FPGA Compiler II等综合工具进行逻辑综合。Quartus II具备便捷的仿真功能，同时也支持第三方仿真工具，如Modelsim。

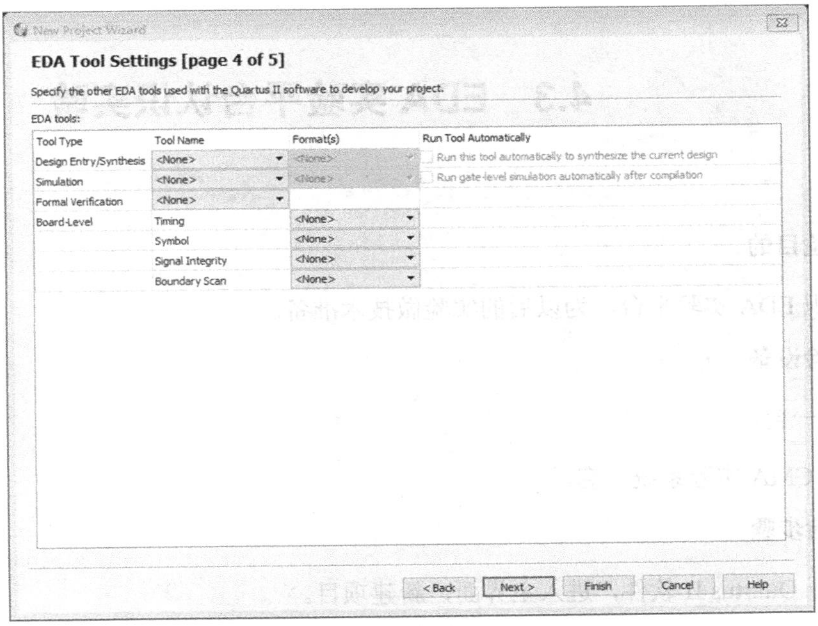

图4-6　仿真器选择界面

（6）如图 4-7 所示，该界面为工程设置总结界面，可以查看相关设置。

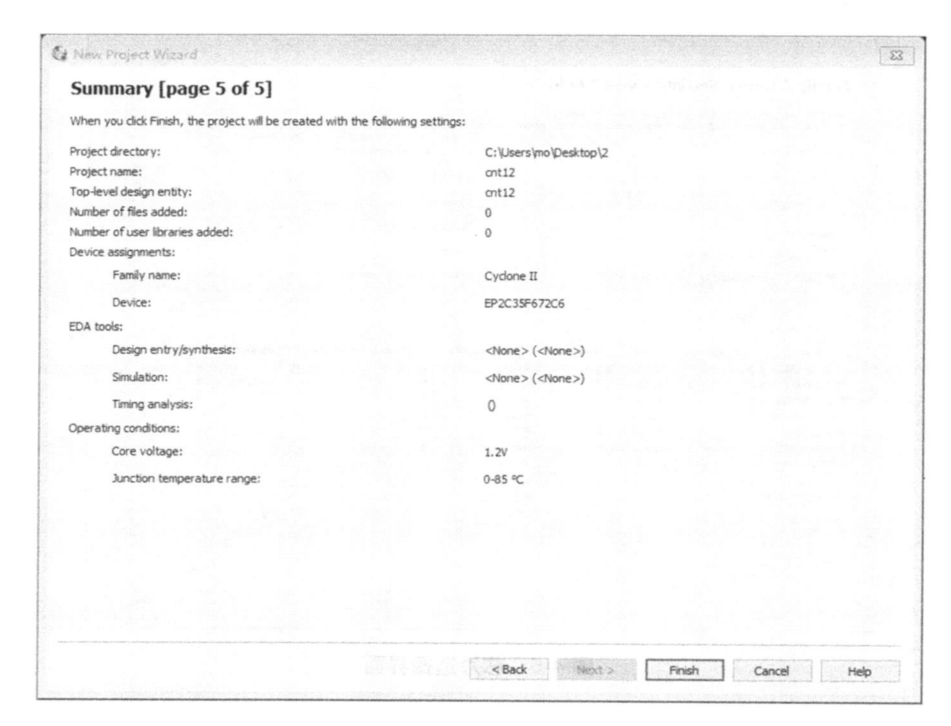

图 4-7　工程设置总结界面

（7）建立好项目后就可以进行相关的电路设计了。

4.3　EDA 实验平台认识实验

一、实验目的

初步认识 EDA 实验平台，为以后的实验做技术准备。

二、实验设备

EDA 平台操作实验

（1）PC 一台。

（2）TD-CMA 实验系统一套。

三、实验步骤

（1）打开 Quartus II 软件，进入主界面，新建项目。

（2）执行 File→New 命令，选择 Design Files 中的 Block Diagram/Schematic File 选项，如

图 4-8 所示。

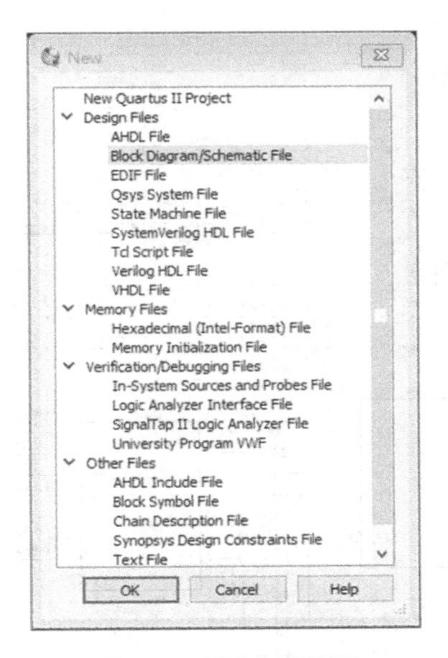

图 4-8　新建电路界面

（3）进入 BDF 文件编辑界面，双击空白处或右击执行 Insert→Symbol as Blocks 命令，或者单击快捷图标中的与门符号，进行相关元器件的选择，如图 4-9 所示。

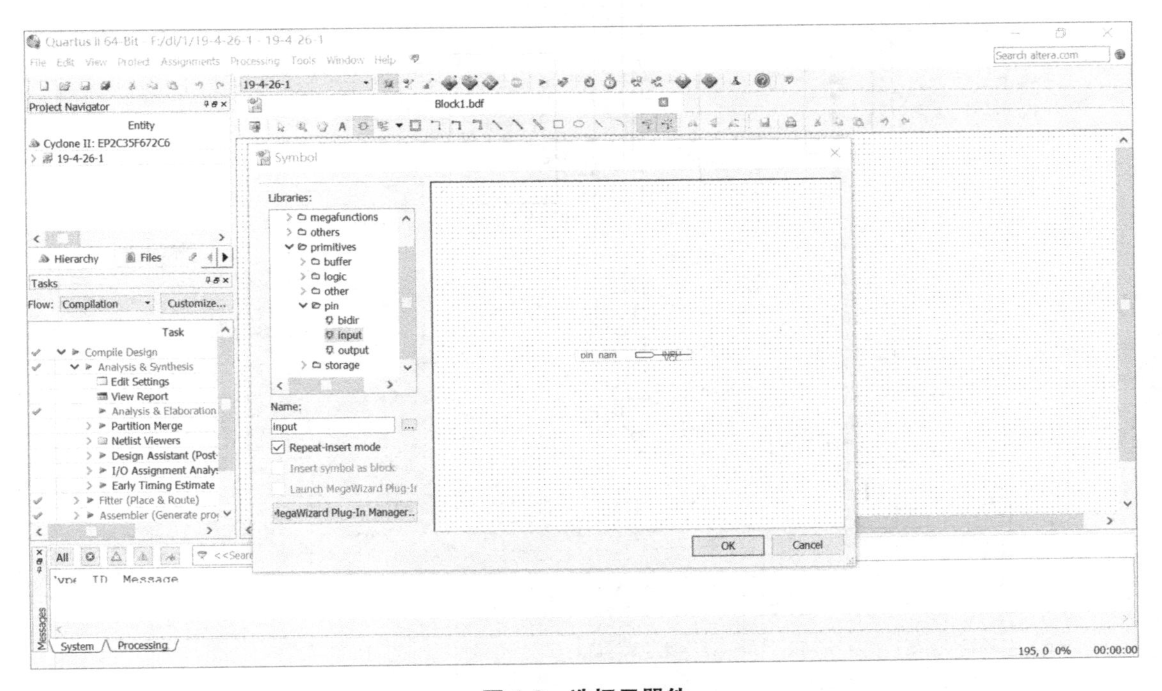

图 4-9　选择元器件

（4）按照图 4-10 所示的电路结构图选择对应的元器件，完成该电路的搭建。

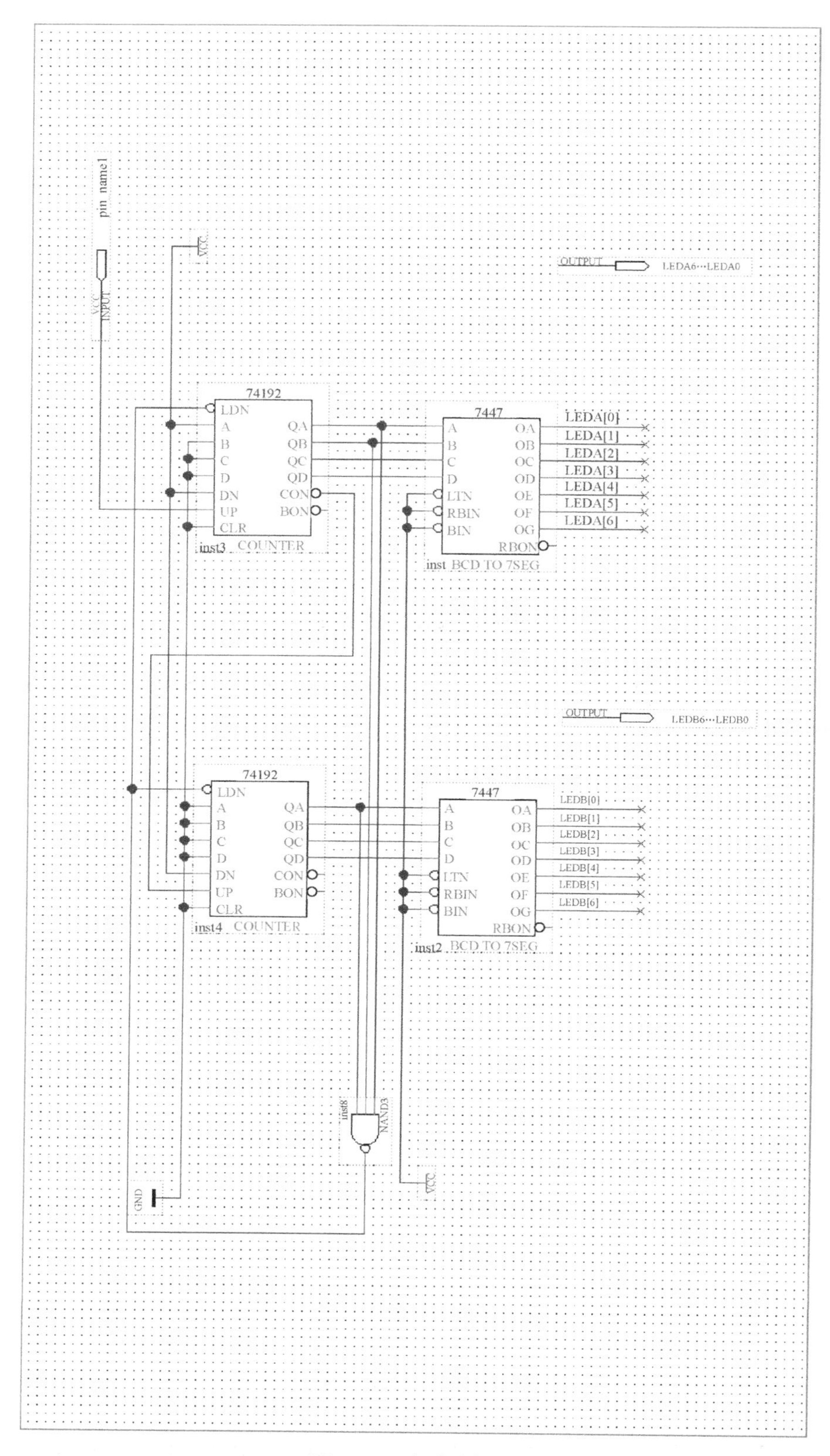
pin_name1
VCC
INPUT
VCC
OUTPUT
LEDA6…LEDA0
74192
LDN
A
B
C
D
DN
UP
CLR
QA
QB
QC
QD
CON
BON
inst3 COUNTER
7447
A
B
C
D
LTN
RBIN
BIN
OA
OB
OC
OD
OE
OF
OG
RBON
inst BCD TO 7SEG
LEDA[0]
LEDA[1]
LEDA[2]
LEDA[3]
LEDA[4]
LEDA[5]
LEDA[6]
OUTPUT
LEDB6…LEDB0
74192
inst4 COUNTER
7447
inst2 BCD TO 7SEG
LEDB[0]
LEDB[1]
LEDB[2]
LEDB[3]
LEDB[4]
LEDB[5]
LEDB[6]
inst8
NAND3
GND
VCC

图 4-10 电路结构图

（5）执行 Processing→Start Compilation 命令或单击“全程编译”快捷图标启动全程编译。编译后出现编译结果报告，可以在其中查看具体信息，如图 4-11 所示。

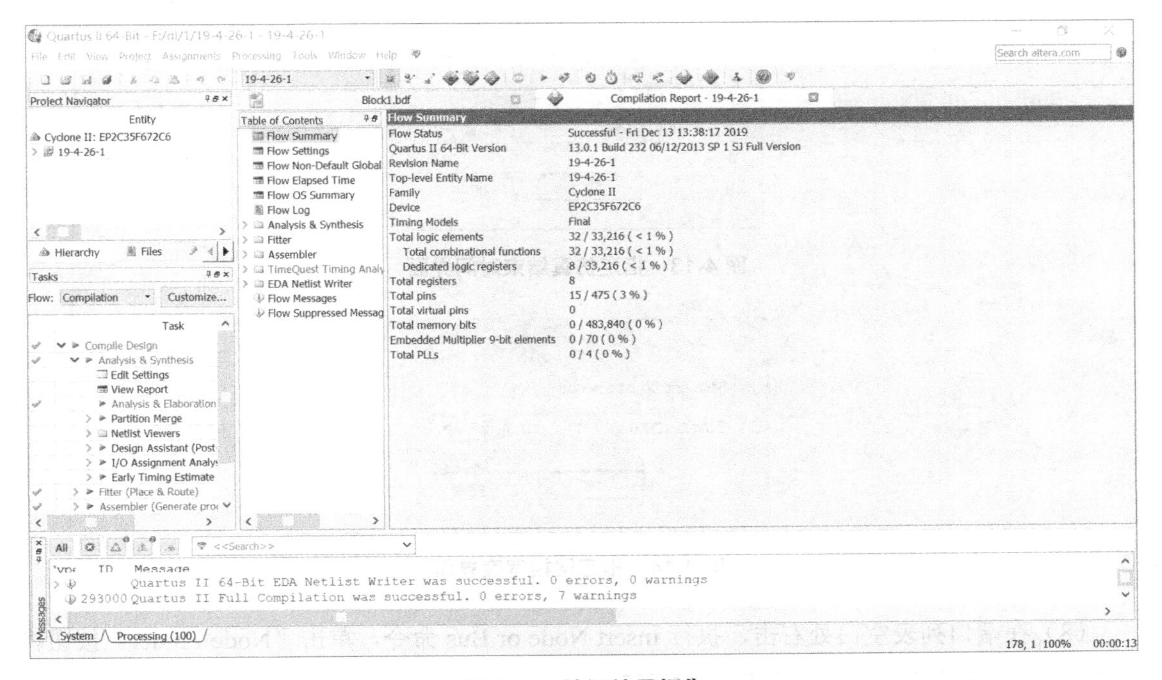

图 4-11　编译结果报告

（6）执行 File→New 命令，选择 Verification/Debugging Files→University Program VWF 选项，如图 4-12 所示。

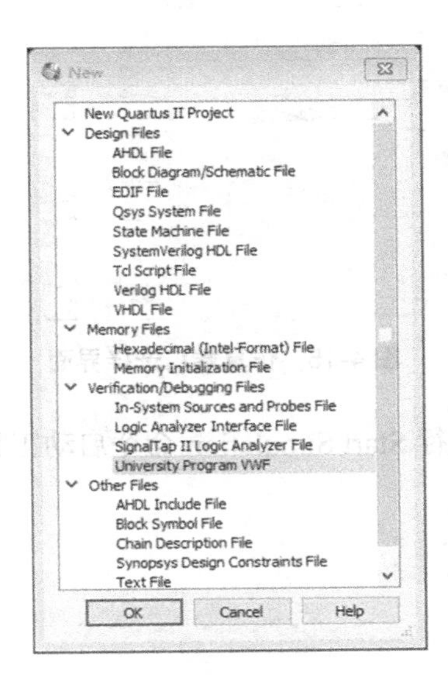

图 4-12　新建仿真文件界面

（7）为设置满足要求的仿真时间区域，执行 Edit→End Time 命令，指定仿真结束时间，将仿真结束时间设定为 1.0μs，如图 4-13 所示。为便于对输入信号进行赋值，通常还需要通过执行 Edit→Grid Size 命令指定网格宽度，本实验中将网格宽度设定为 20.0ns，如图 4-14 所示。

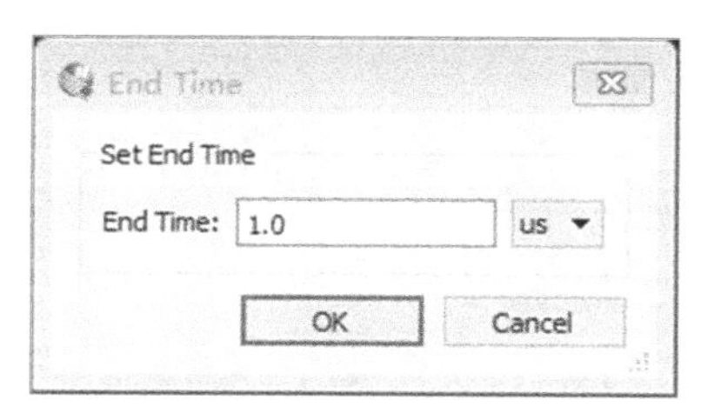

图 4-13　指定仿真结束时间界面

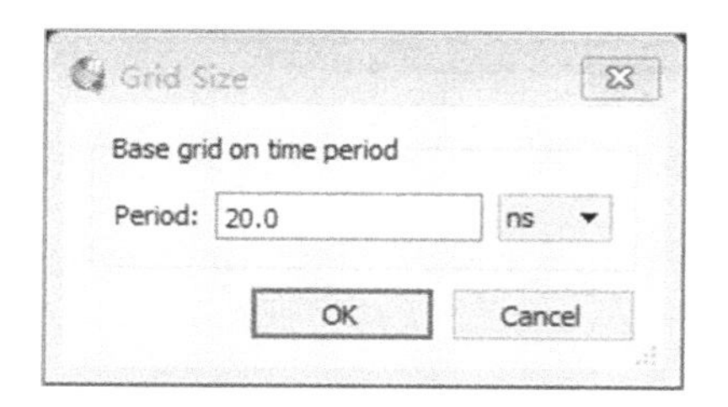

图 4-14　指定网格宽度界面

（8）在端口列表空白处右击，执行 Insert Node or Bus 命令，单击“Node Finder”按钮将所需的 I/O 口调入仿真文件，如图 4-15 所示。

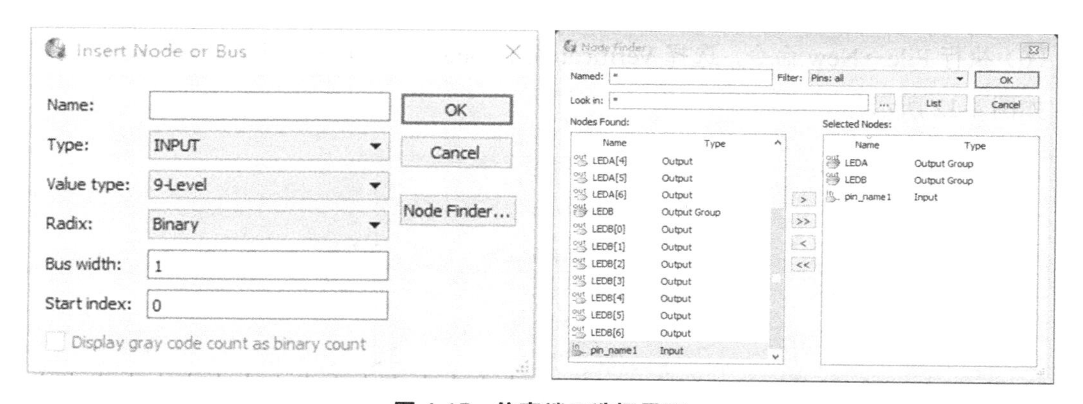

图 4-15　仿真端口选择界面

（9）在 Processing 菜单下执行 Start Simulation 命令启动工程仿真，仿真结果界面如图 4-16 所示。

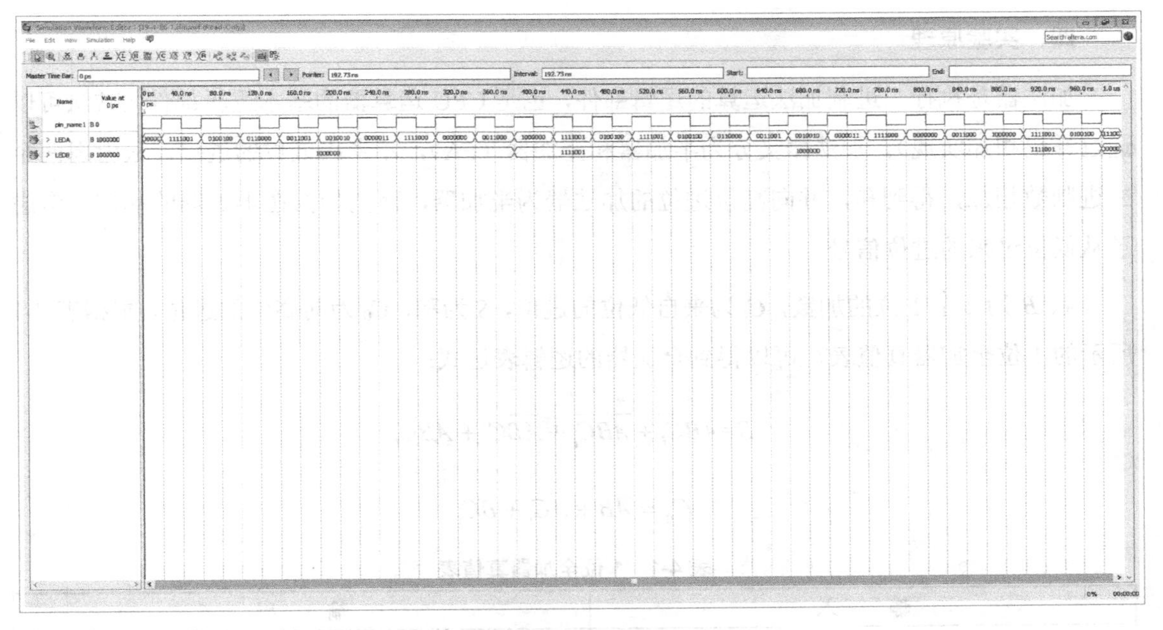

图 4-16　仿真结果界面

4.4　超前进位加法器设计实验

一、实验目的

（1）掌握超前进位加法器的原理及设计方法。

（2）熟悉 FPGA 应用设计及 EDA 软件的使用。

二、实验设备

（1）计算机一台。

（2）TD-CMA 实验系统一套。

三、预习要求

（1）阅读本实验教程及相关教材。

（2）学习 1.3 节指令系统介绍内容。

（3）熟悉 2.5 节对微程序控制器进行读/写及运行的相关操作。

（4）熟练掌握 4.2 节 Quartus II 的基本使用方法及 4.3 节 EDA 实验平台认识实验。

四、实验原理

加法器是执行二进制加法运算的逻辑部件，也是CPU运算器的基本逻辑部件（减法可以通过补码相加实现）。加法器又分为半加器和全加器（FA），不考虑低位的进位，只考虑两个二进制数相加，得到和，并向高位进位的加法器为半加器，而全加器在半加器的基础上考虑了从低位过来的进位信号。

A、B为2个1位的加数，C_i为来自低位的进位，S为和，C_0为向高位的进位，根据表4-1所示的1位全加器真值表，可以得到全加器的逻辑表达式：

$$S=A\overline{B}\overline{C_i}+\overline{A}B\overline{C_i}+\overline{A}\overline{B}C_i+ABC_i$$

$$C_0=AB+AC_i+BC_i$$

表4-1　1位全加器真值表

输　入			输　出	
A	B	C_i	S	C_0
0	0	0	0	0
0	0	1	1	0
0	1	0	1	0
0	1	1	0	1
1	0	0	1	0
1	0	1	0	1
1	1	0	0	1
1	1	1	1	1

根据逻辑表达式，可以得到如图4-17所示的1位全加器逻辑电路图。

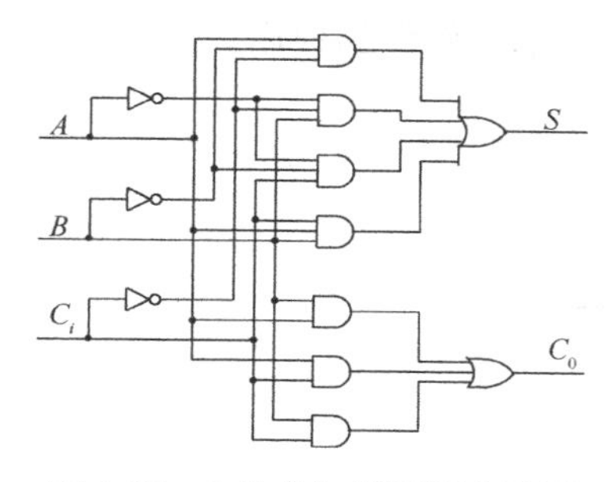

图4-17　1位全加器逻辑电路图

有了1位全加器，就可以用它构造多位加法器，多位加法器根据电路结构的不同，可以分为串行加法器和并行加法器两种。串行加法器的低位全加器产生的进位要依次串行地向高位进位。串行加法器电路较简单，占用资源较少，但是串行加法器每一位的和及向高位进位的产生都依赖于低位的进位，这样会延迟完成加法运算的时间，效率并不高。

串行加法器运算速度慢，其根本原因是每一位的结果都依赖于低位的进位，因此可以通过并行进位的方式来提高效率。只要能设计出专门的电路，使得每一位的进位能够并行地产生，且与低位的运算情况无关，就能解决这个问题。可以对加法器进位的逻辑表达式进行进一步推导：

$$C_0 = 0$$

$$C_{i+1} = A_iB_i + A_iC_i + B_iC_i = A_iB_i + (A_i + B_i)C_i$$

设

$$g_i = A_iB_i$$

$$p_i = A_i + B_i$$

则有

$$\begin{aligned} C_{i+1} &= g_i + p_iC_i \\ &= g_i + p_i(g_{i-1} + p_{i-1}C_{i-1}) \\ &= g_i + p_i(g_{i-1} + p_{i-1}(g_{i-2} + p_{i-2}C_{i-2})) \\ &\cdots \\ &= g_i + p_i(g_{i-1} + p_{i-1}(g_{i-2} + p_{i-2}(\cdots(g_0 + p_0C_0)\cdots))) \\ &= g_i + p_ig_{i-1} + p_ip_{i-1}g_{i-2} + \cdots + p_ip_{i-1}\cdots p_1g_0 + p_ip_{i-1}\cdots p_1p_0C_0 \end{aligned}$$

由于 g_i、p_i 只和 A_i、B_i 有关，这样 C_{i+1} 就只和 $A_i, A_{i-1},\cdots, A_0$，$B_i, B_{i-1},\cdots, B_0$ 及 C_0 有关。所以各位的进位 $C_i,C_{i-1},\cdots,C_1$ 就可以并行地产生，这种进位就叫超前进位。

根据上述推导，随着加法器位数的增加，越是高位的进位，逻辑电路就会越复杂，使用的逻辑器件也就越多。事实上我们可以继续推导进位的逻辑表达式，使得某些基本逻辑单元能够复用，且能照顾到进位的并行产生。

定义

$$G_{i,j} = g_i + p_ig_{i-1} + p_ip_{i-1}g_{i-2} + \cdots + p_ip_{i-1}\cdots p_{j+1}g_j$$

$$P_{i,j} = p_ip_{i-1}\cdots p_{j+1}p_j$$

则有

$$G_{i,i} = g_i$$

$$P_{i,i} = p_i$$

$$G_{i,j} = G_{i,k} + P_{i,k}G_{k-1,j}$$

$$P_{i,j} = P_{i,k}P_{k-1,j}$$

$$C_{i+1} = G_{i,j} + P_{i,j}C_j$$

从而可以得到如表 4-2 所示的超前进位扩展算法，这里实现的是一个 8 位加法器的算法。

表 4-2　超前进位扩展算法

$G_{1,0} = g_1 + p_1g_0$ $P_{1,0} = p_1p_0$	$G_{3,0} = G_{3,2} + P_{3,2}G_{1,0}$ $P_{3,0} = P_{3,2}P_{1,0}$	$G_{7,0} = G_{7,4} + P_{7,4}G_{3,0}$ $P_{7,0} = P_{7,4}P_{3,0}$
$G_{3,2} = g_3 + p_3g_2$ $P_{3,2} = p_3p_2$		
$G_{5,4} = g_5 + p_5g_4$ $P_{5,4} = p_5p_4$	$G_{7,4} = G_{7,6} + P_{7,6}G_{5,4}$ $P_{7,4} = P_{7,6}P_{5,4}$	
$G_{7,6} = g_7 + p_7g_6$ $P_{7,6} = p_7p_6$		
$C_8 = G_{7,0} + P_{7,0}C_0$		

从表 4-2 可以看出，本算法的核心思想是把 8 位加法器分成两个 4 位加法器，先求出低 4 位加法器的各个进位，特别是向高 4 位加法器的进位 C_4。然后，高 4 位加法器把 C_4 作为初始进位，使用低 4 位加法器通过相同的方法来完成计算。每一个 4 位加法器在进行计算时，又分成两个 2 位加法器，如此递归，如图 4-18 所示。

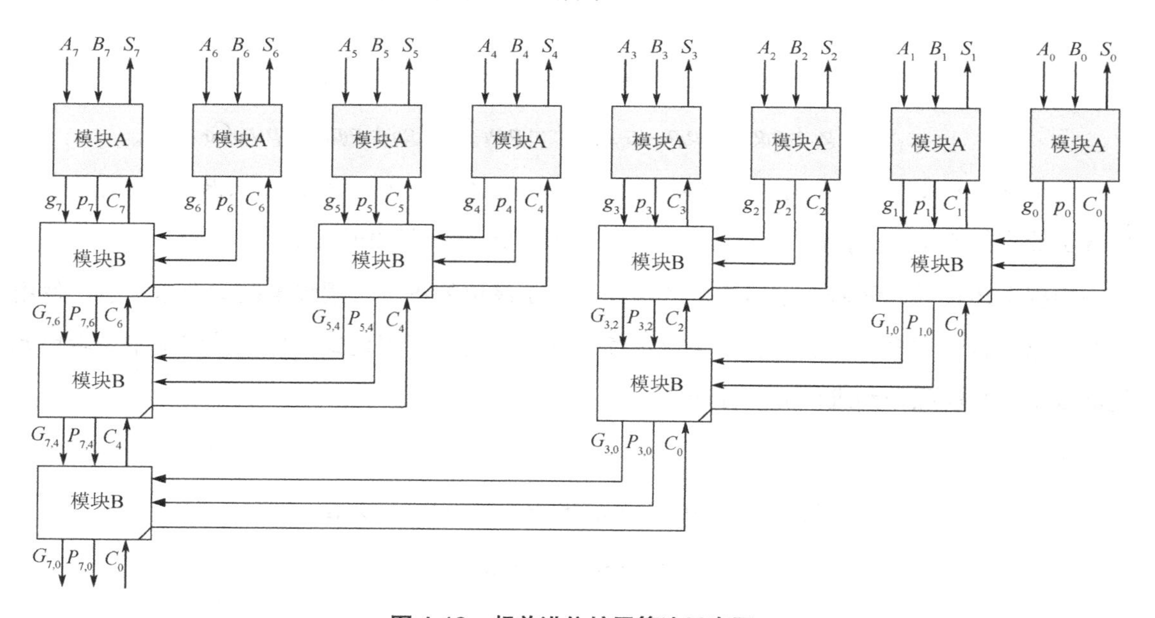

图 4-18　超前进位扩展算法示意图

为了实现超前进位扩展算法的逻辑电路，需要设计两种电路。模块 A 逻辑电路需要完成以下计算逻辑，模块 A 原理图如图 4-19 所示。

$$G_{i,i} = A_iB_i$$

$$P_{i,i} = A_i + B_i$$

$$S_i = A\overline{BC_i} + \overline{A}B\overline{C_i} + \overline{AB}C_i + ABC_i$$

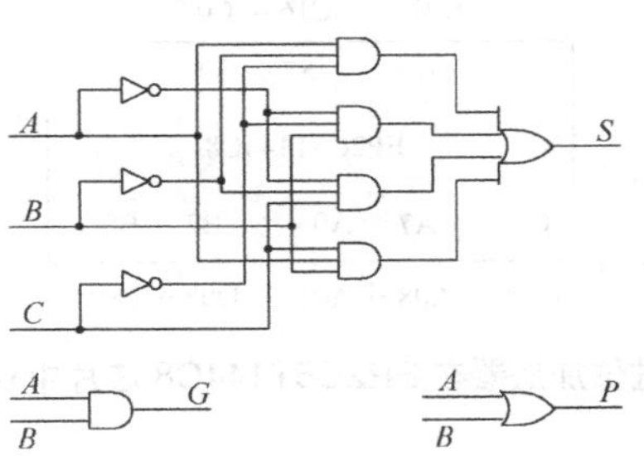

图 4-19 模块 A 原理图

模块 B 逻辑电路需要完成如下计算逻辑，模块 B 原理图如图 4-20 所示。

$$G_{i,j} = G_{i,k} + P_{i,k}G_{k-1,j}$$

$$P_{i,j} = P_{i,k}P_{k-1,j}$$

$$C_{i+1} = G_{i,j} + P_{i,j}C_j$$

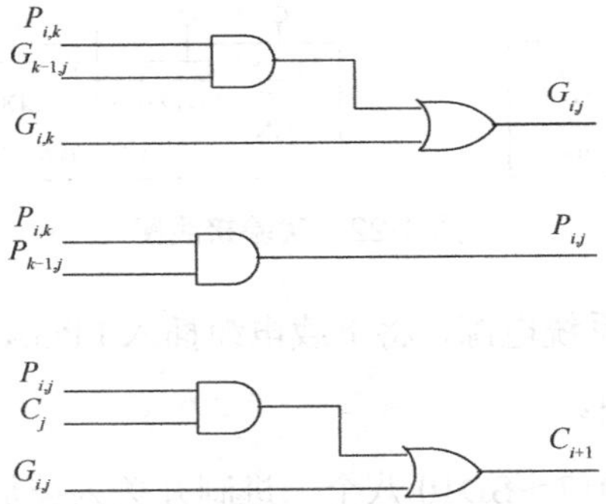

图 4-20 模块 B 原理图

按图 4-18 将上述两种电路连接起来，就可以得到一个 8 位的超前进位加法器。

从图 4-18 中可以看出 $G_{i,j}$ 和 $P_{i,j}$ 既参与了每位上进位的计算，又参与了下一级 $G_{i,j}$ 和 $P_{i,j}$ 的计算。这样就复用了这些电路，使得需要的总逻辑电路数大大减少。超前进位加法器的运算速度较快，但是与串行进位加法器相比，超前进位加法器的逻辑电路比较复杂，使用的逻辑器件较多，这也是为提高运算速度付出的代价。

本实验在 FPGA 单元上进行。

五、实验步骤

（1）根据超前进位加法器的逻辑原理，使用 Quartus II 软件编辑相应的电路原理图并进行编译，超前进位加法器在 EP2C5T144C8 芯片中对应的引脚分配图如图 4-21 所示，框外文字表示I/O号，框内文字表示该引脚的含义（本实验例程见“TD-CMA软件安装路径\FPGA\Adder\Adder.qpf”工程）。

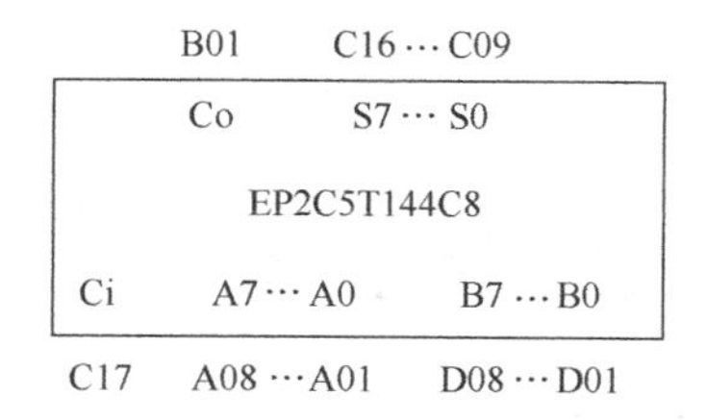

图 4-21 超前进位加法器在 EP2C5T144C8 芯片中对应的引脚分配图

（2）按图4-22所示连接实验电路，连通无误后接通电源。

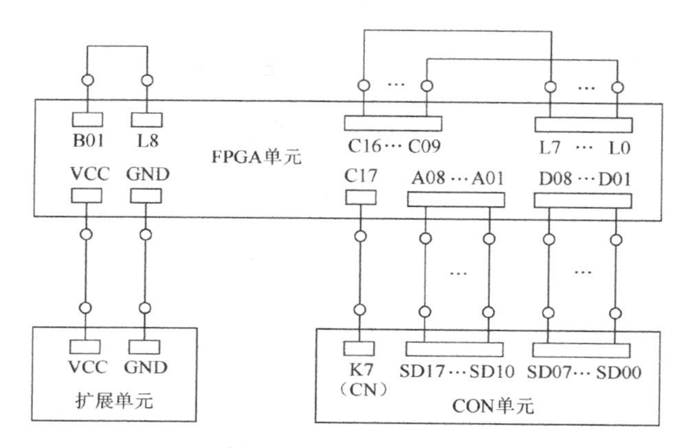

图 4-22 实验接线图

（3）打开TD-CMA实验系统电源，将下载电缆插入FPGA单元的JTAG接口，把生成的SOF文件下载到FPGA单元中。

（4）以CON单元中的SD17～SD10八个二进制开关为被加数*A*，SD07～SD00八个二进制开关为加数*B*，K7用来模拟来自低位的进位信号，相加的结果在FPGA单元的L7～L0八个LED灯显示，相加后向高位的进位用FPGA单元的L8灯显示。给*A*和*B*置不同的数，观察相加的结果。

4.5 硬布线控制器模型机设计实验

一、实验目的

（1）掌握硬布线控制器的组成原理及设计方法。

（2）了解硬布线控制器和微程序控制器各自的优、缺点。

二、实验设备

（1）计算机一台。

（2）TD-CMA 实验系统一套。

三、预习要求

（1）阅读本实验教程及相关教材。

（2）学习 1.3 节指令系统介绍内容。

（3）熟悉 2.5 节对微程序控制器进行读/写及运行的相关操作。

（4）熟练掌握 4.2 节 Quartus II 的基本使用方法及 4.3 节 EDA 实验平台认识实验。

四、实验原理

硬布线控制器本质上是一种由门电路和触发器构成的复杂树形网络，它将输入逻辑信号转换成一组输出逻辑信号，即控制信号。硬布线控制器的输入信号包括：指令寄存器的输出、时序信号和运算结果标志状态信号等。输出逻辑信号就是各个部件需要的各种微操作信号。

硬布线控制器的设计思想：在硬布线控制器中，操作控制器发出的各种控制信号是时间因素和空间因素的函数。各个操作定时的控制构成了操作控制信号的时间特征，而各种不同部件的操作所需要的不同操作信号则构成了操作控制信号的空间特征。硬布线控制器就是把时间信号和操作信号组合，产生具有定时特点的控制信号。

简单模型机的控制器采用微程序控制器，本实验中的模型机的控制器将用硬布线控制器取代微程序控制器，其余部件和简单模型机一样，所以其数据通路图也和简单模型机的数据通路图一样，机器指令也和简单模型机的机器指令一样，如图 4-23 所示。

助记符	机器指令码		说明
IN	0010 0000		IN→R0
ADD	0000 0000		R0+R0→R0
OUT	0011 0000		R0→OUT
JMP addr	1110 0000	********	addr→PC
HLT	0101 0000		停机

图 4-23　机器指令

根据指令要求，得出用时钟进行驱动的状态机描述，即可得出其有限状态机，如图 4-24 所示。

下面分析每个状态中的基本操作。

S0：空操作，系统复位后的状态。

S1：PC→AR，PC+1。

S2：MEM→BUS，BUS→IR。

S3：R0→BUS，BUS→A。

S4：R0→BUS，BUS→B。

S5：A 加 B→BUS，BUS→R0。

S6：IN→BUS，BUS→R0。

S7：R0→BUS，BUS→OUT。

S8：空操作。

S9：PC→AR，PC+1。

S10：MEM→BUS，BUS→PC。

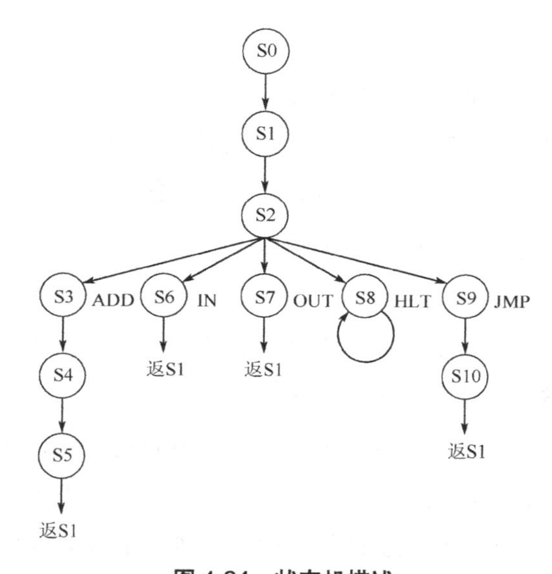

图 4-24　状态机描述

设计一段机器程序，要求从 IN 单元读入一个数据，存于 R0，将 R0 和其自身相加，将结果存于 R0，再将 R0 的值送至 OUT 单元显示。

五、实验步骤

（1）分析每个状态所需的控制信号，并汇总成表，如表 4-3 所示。

表 4-3　控制信号表

状　态　号	控　制　信　号
S0	0000000000100111010
S1	0000000000110110001
S2	0100000000101111010
S3	0000000101001000010

续表

状 态 号	控 制 信 号
S4	0000000001100010010
S5	0001001001000011110
S6	0110000000100011110
S7	1010000000100010010
S8	0000000000100011010
S9	0000000000110111001
S10	0100000000000011011

控制信号由左至右，依次为WR、RD、IOM、S3、S2、S1、S0、LDA、LDB、LOAD、LDAR、LDIR、ALU_B、R0_B、LDR0、PC_B、LDPC。

（2）使用VHDL语言设计本实验的状态机，使用Quartus II软件编辑VHDL文件并进行编译，硬布线控制器在EP2C5T144C8芯片中对应的引脚分配图如图4-25所示（本实验例程见“安装路径\FPGA\Controller\Controller.qpf”工程）。

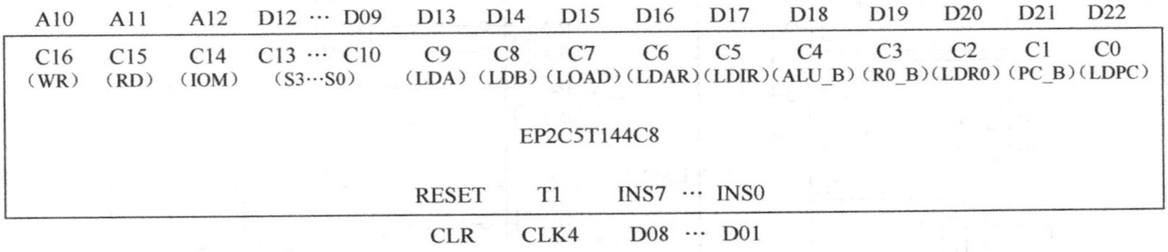

A10 A11 A12 D12 … D09 D13 D14 D15 D16 D17 D18 D19 D20 D21 D22

C16（WR） C15（RD） C14（IOM） C13 … C10（S3…S0） C9（LDA） C8（LDB） C7（LOAD） C6（LDAR） C5（LDIR） C4（ALU_B） C3（R0_B） C2（LDR0） C1（PC_B） C0（LDPC）

EP2C5T144C8

RESET T1 INS7 … INS0

CLR CLK4 D08 … D01

图4-25 硬布线控制器在EP2C5T144C8芯片中对应的引脚分配图

（3）按图4-26所示连接实验电路。注意：不要将FPGA扩展板上的A09引脚接至控制总线的INTA'上，否则可能会导致实验失败。

（4）打开TD-CMA实验系统电源，将下载电缆插入FPGA单元的JTAG接口，将生成的SOF文件下载到FPGA单元中。

（5）用本实验定义的机器指令系统，可具体编写多种应用程序，下面给出的是本次实验的例程，程序的文件名以“.txt”为后缀。程序中分号（;）表示注释符，分号后面的内容在下载时将被忽略。

（6）进入软件界面，装载机器指令，选择菜单命令“实验”→“简单模型机”，打开简单模型机数据通路图，按下CON单元的CLR总清按钮，使程序计数器PC地址清零，控制器状态机回到S0，程序从头开始运行，选择相应的功能命令，即可联机运行、监控、调试程序。

（7）当模型机执行完JMP指令后，检查OUT单元显示的数值是否为IN单元数值的2倍，按下CON单元的CLR总清按钮，改变IN单元的值，再次执行机器程序，通过OUT单元显示的数值判断程序执行是否正确。

```
; //************************************** //
; //    硬布线控制器模型机实验指令文件    //
; //************************************** //
; //**** Start of Main Memory Data ****    //
    $P 00 20     ; START: IN   R0       从 IN 单元读入数据存于 R0
    $P 01 00     ; ADD R0,R0            将 R0 和其自身相加，结果存于 R0
    $P 02 30     ; OUT R0               将 R0 的值送至 OUT 单元显示
    $P 03 E0     ; JMP START            跳转至 START
    $P 04 00     ;
    $P 05 50     ; HLT                  停机
; //***** End of Main Memory Data *****//
```

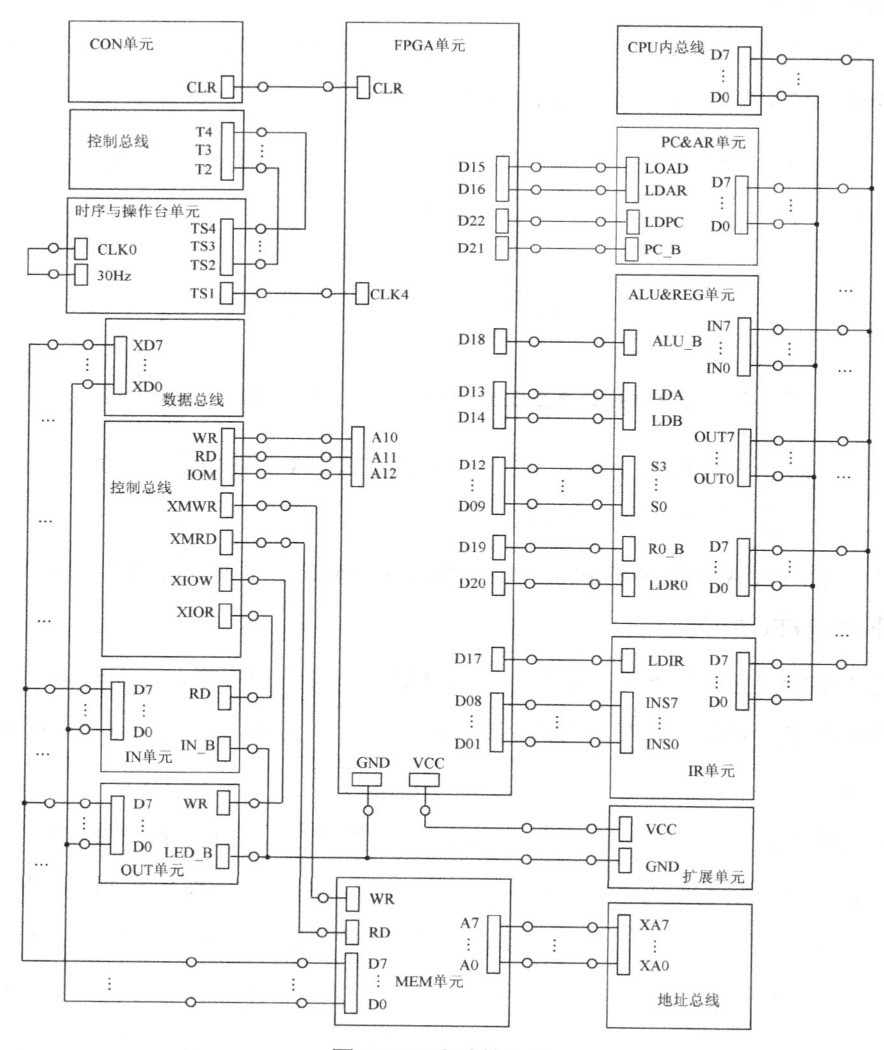

图 4-26　实验接线图

4.6 阵列乘法器设计实验

一、实验目的

（1）掌握阵列乘法器的原理及设计方法。

（2）熟悉 FPGA 应用设计及 EDA 软件的使用。

二、实验设备

（1）计算机一台。

（2）TD-CMA 实验系统一套。

三、预习要求

（1）阅读本实验教程及相关教材。

（2）学习 1.3 节指令系统介绍内容。

（3）熟悉 2.5 节对微程序控制器进行读/写及运行的相关操作。

（4）熟练掌握 4.2 节 Quartus II 的基本使用方法及 4.3 节 EDA 实验平台认识实验。

四、实验原理

硬件乘法器常规的设计采用串行移位和并行加法相结合的方法，这种方法并不需要很多的器件，然而这种方法太慢。随着大规模集成电路的发展，采用高速的阵列乘法器，无论从计算机的计算速度，还是从提高计算效率的方面来看都是十分必要的。阵列乘法器分为带符号的阵列乘法器和不带符号的阵列乘法器，本节只讨论不带符号的阵列乘法器——高速组合阵列乘法器，即采用标准加法单元构成的阵列乘法器，其可以利用多个一位全加器（FA）实现乘法运算。

对于一个 4 位二进制数相乘，有如下算式：

$$
\begin{array}{cccccccc}
 & & & & A_3 & A_2 & A_1 & A_0 \\
\times & & & & B_3 & B_2 & B_1 & B_0 \\
\hline
 & & & & A_3B_0 & A_2B_0 & A_1B_0 & A_0B_0 \\
 & & & A_3B_1 & A_2B_1 & A_1B_1 & A_0B_1 & \\
 & & A_3B_2 & A_2B_2 & A_1B_2 & A_0B_2 & & \\
+ & A_3B_3 & A_2B_3 & A_1B_3 & A_0B_3 & & & \\
\hline
P_7 & P_6 & P_5 & P_4 & P_3 & P_2 & P_1 & P_0
\end{array}
$$

4×4 阵列乘法器原理图如图 4-27 所示。

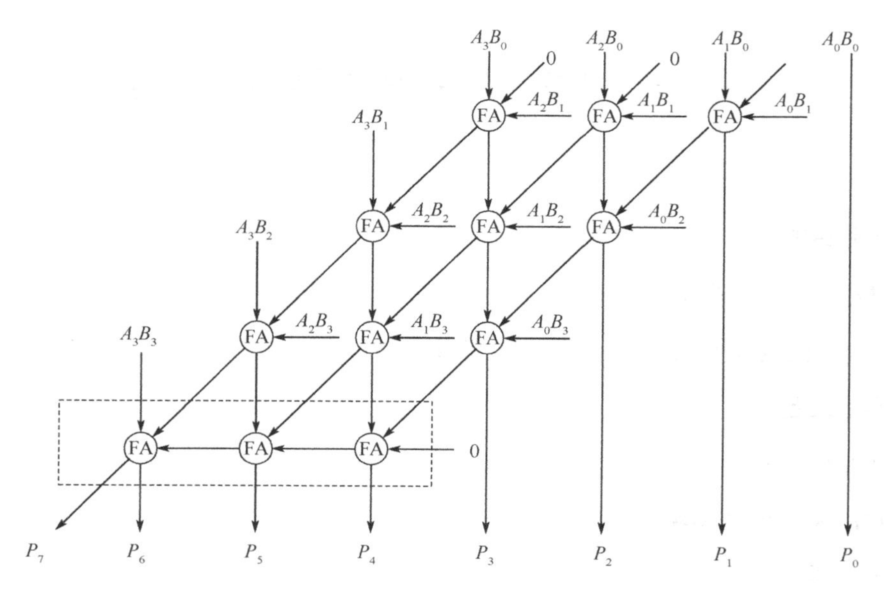

图 4-27　4×4 阵列乘法器原理图

FA 的斜线方向为进位输出，竖线方向为和输出。图 4-27 中阵列的最后一行构成了一个串行进位加法器。由于 FA 是无须考虑进位的，它的进位被暂时保留下来不向前传递，所以同一级中任意一位 FA 的进位输出与和输出几乎是同时形成的。与串行移位相比，这样可以大大减少同级间的进位传递延迟，所以送往最后一行串行加法器的输入延迟仅与 FA 的级数（行数）有关，即与乘数位数有关。本实验用 FPGA 设计一个 4×4 位加法器，且全部采用原理图的方式实现。

五、实验步骤

（1）根据上述阵列乘法器的原理，使用 Quartus II 软件编辑相应的电路原理图并进行编译，阵列乘法器在 EP2C5T144C8 芯片中对应的引脚分配图如图 4-28 所示，框外文字表示 I/O 号，框内文字表示该引脚的含义（本实验例程见“安装路径\FPGA\Multiply\Multiply.qpf”工程）。

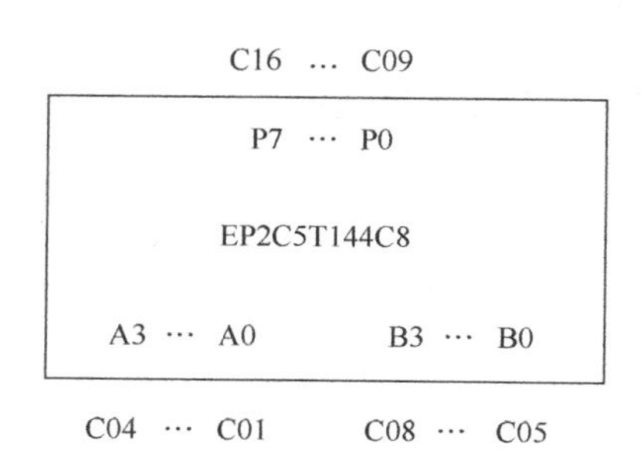

图 4-28　阵列乘法器在 EP2C5T144C8 芯片中对应的引脚分配图

（2）按图 4-29 所示的阵列乘法器实验接线图连接实验电路，连通无误后接通电源。

（3）打开 TD-CMA 实验系统电源，将下载电缆插入 FPGA 单元的 JTAG 接口，将生成的

SOF 文件下载到 FPGA 单元中。

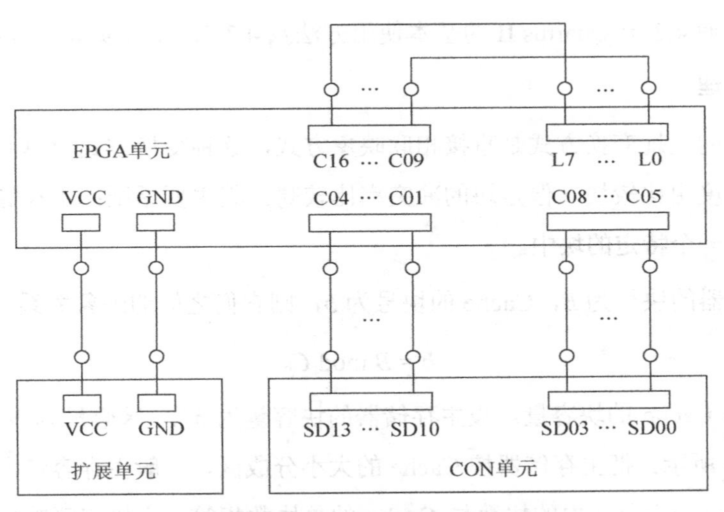

图 4-29 阵列乘法器实验接线图

（4）以 CON 单元中的 SD13～SD10 四个二进制开关为乘数 *A*，以 SD03～SD00 四个二进制开关为被乘数 *B*，相乘的结果在 FPGA 单元的 L7～L0 八个 LED 灯中显示。给 *A* 和 *B* 置不同的数，观察相乘的结果。

4.7 Cache 控制器设计实验

一、实验目的

（1）掌握 Cache 控制器的原理及设计方法。

（2）熟悉 FPGA 应用设计及 EDA 软件的使用。

二、实验设备

（1）计算机一台。

（2）TD-CMA 实验系统一套。

三、预习要求

（1）阅读本实验教程及相关教材。

（2）学习 1.3 节指令系统介绍内容。

（3）熟悉 2.5 节对微程序控制器进行读/写及运行的相关操作。

（4）熟练掌握 4.2 节 Quartus II 的基本使用方法及 4.3 节 EDA 实验平台认识实验。

四、实验原理

本实验采用的地址变换方式是直接相联映象方式，这种变换方式简单而直接，硬件实现很简单，访问速度也比较快，但是块的冲突率比较高。其主要原则：主存储器中的一块只能映象到 Cache 的一个特定的块中。

假设主存储器的块号为 B，Cache 的块号为 b，则它们之间的映象关系可以表示为

$$b = B \bmod C_b$$

式中，C_b是 Cache 的块容量。设主存储器的块容量为 M_b，区容量为 M_e，则直接相联映象方式如图 4-30 所示。把主存储器按 Cache 的大小分成区，一般主存容量为 Cache 容量的整数倍，主存储器每一个分区内的块数与 Cache 的总块数相等。直接相联映象方式只能把主存储器各个分区中的那些块映象到 Cache 中相应块号的特定块中。例如，主存储器的块 0 只能映象到 Cache 的块 0 中，主存储器的块 1 只能映象到 Cache 的块 1 中，同样，主存储器区 1 中的块 C_b（在区 1 中的相对块号是 0）也只能映象到 Cache 的块 0 中。根据上面给出的地址映象规则，整个 Cache 地址与主存地址的低位部分是完全相同的。

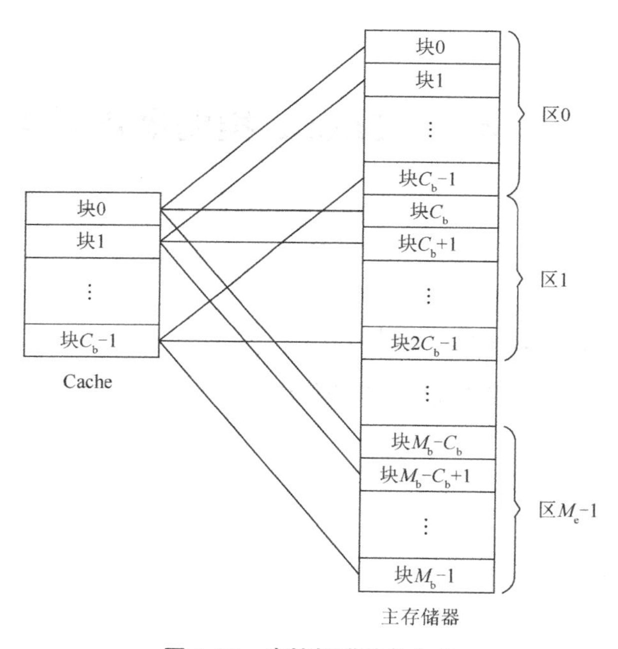

图 4-30 直接相联映象方式

直接相联地址变换过程如图 4-31 所示，主存地址中的块号 B 与 Cache 地址中的块号 b 是完全相同的。同样，主存地址中的块内地址 W 与 Cache 地址中的块内地址 w 也是完全相同的，

主存地址比 Cache 地址长出来的部分称为区号 E。

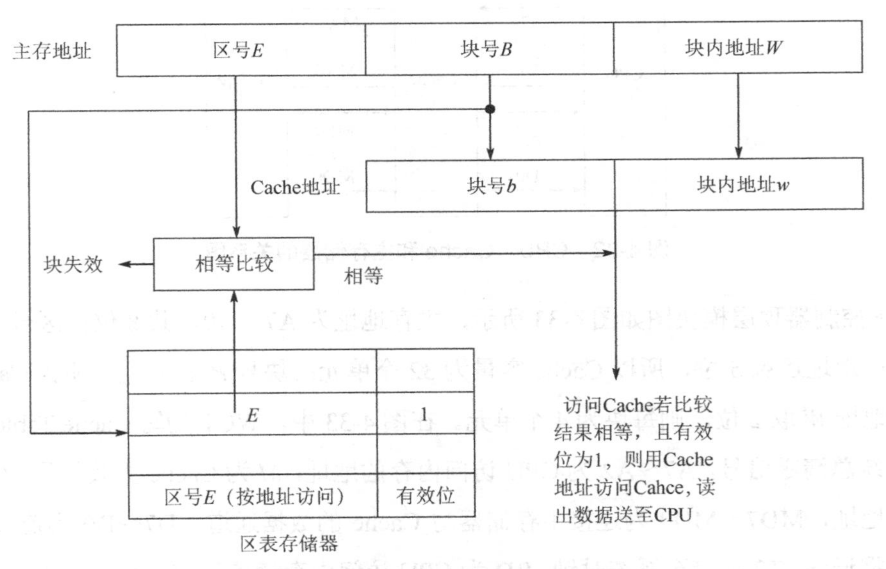

图 4-31　直接相联地址变换过程

在程序执行过程中，当要访问 Cache 时，为了实现主存块号到 Cache 块号的变换，需要有一个存放主存区号的小容量存储器，这个存储器的容量与 Cache 的块数相等，字长为主存地址中区号 E 的长度加一个有效位。

在主存地址到 Cache 地址的变换过程中，首先用主存地址中的块号去访问区号存储器（按地址访问）。把读出来的区号与主存地址中的区号 E 进行比较，根据比较结果和与区号在同一存储器中的有效位情况做出处理。如果区号比较结果相等，有效位为 1，则 Cache 命中，表示要访问的那一块已经装入 Cache，这时 Cache 地址（与主存地址的低位部分完全相同）是正确的。用这个 Cache 地址去访问 Cache，把读出来的数据送至 CPU。除上述情况外，其他情况均为 Cache 没有命中，或称为 Cache 失效，表示要访问的那个块还没有装入 Cache，这时，要用主存地址去访问主存储器，首先把该地址所在的块装入 Cache，然后 CPU 从 Cache 中读取该地址中的数据。

本实验需要在 FPGA 中实现 Cache 及其地址变换逻辑（也叫 Cache 控制器），采用直接相联地址变换方式，只考虑 CPU 从 Cache 中读数据，不考虑 CPU 从主存储器中读数据和写数据的情况，CPU、Cache 和主存储器的关系如图 4-32 所示。

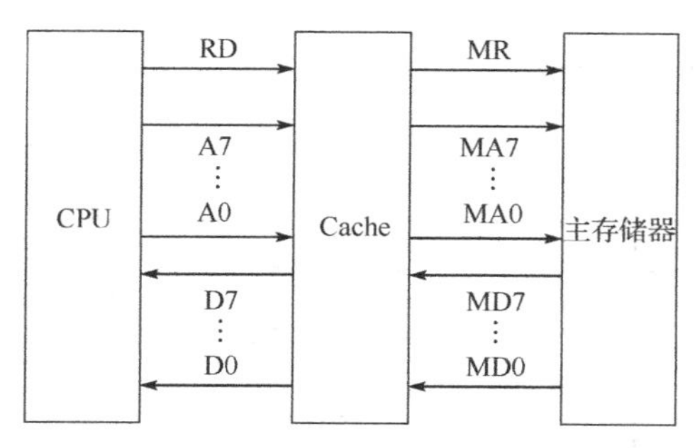

图 4-32　CPU、Cache 和主存储器的关系图

Cache 控制器顶层模块图如图 4-33 所示，主存地址为 A7～A0，共 8 位；区号 *E* 取 3 位，这样 Cache 地址还剩 5 位，所以 Cache 容量为 32 个单元；块号 *B* 取 3 位，那么 Cache 分为 8 块，块内地址 *W* 取 2 位，则每块为 4 个单元。在图 4-33 中，WCT 为写 Cache Table 表信号，CLR 为系统总清零信号，A7～A2 为 CPU 访问内存的地址，*M* 为 Cache 失效信号，CA4～CA0 为 Cache 地址，MD7～MD0 为连接主存储器与 Cache 的数据通道，D7～D0 为连接 Cache 与 CPU 的数据通道，T2 连接至系统时钟，RD 为 CPU 访问内存读信号，LA1 和 LA0 为块内地址。

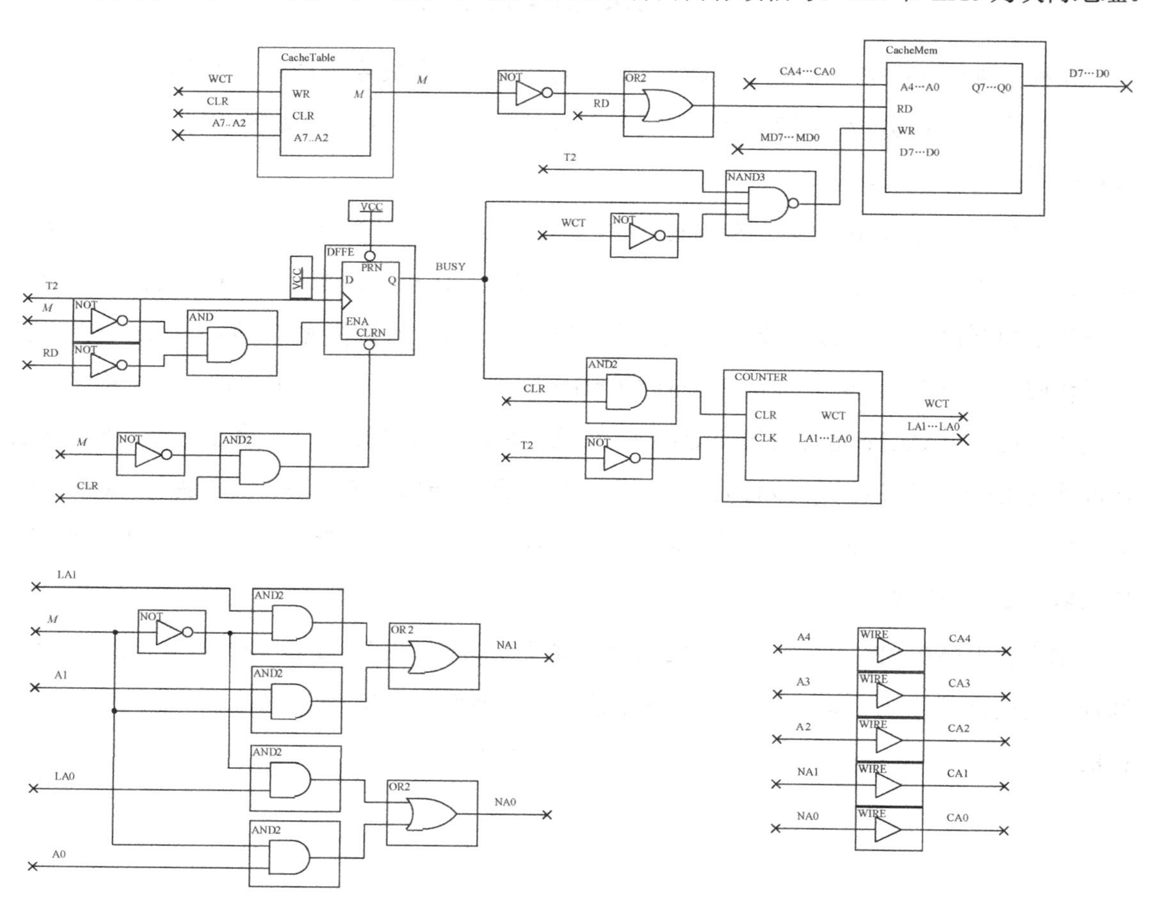

图 4-33　Cache 控制器顶层模块图

在 Quartus II 软件中先实现一个 8 位的存储单元（见例程中的 MemCell.bdf），然后用这个 8 位的存储单元来构建一个 32×8 位的 Cache（见例程中的 CacheMem.bdf），这样就实现了 Cache 的存储体。

再实现一个 4 位的存储单元（见例程中的 TableCell.bdf），然后用这个 4 位的存储单元来构建一个 8×4 位的区表存储器，用来存放区号和有效位（见例程中的 CacheTable.bdf），在这个文件中，还实现了一个区号比较器，如果主存地址的区号 *E* 和区表中相应单元中的区号相等，且有效位为 1，则 Cache 命中，否则 Cache 失效，标志为 *M*，*M* 为 0 表示 Cache 失效。

当 Cache 命中时，就将 Cache 存储体中相应单元的数据送至 CPU，这个过程比较简单。当 Cache 失效时，就将主存储器中相应块中的数据读出并写入 Cache，这样 Cache 控制器就要产生访问主存地址和主存储器的读信号，由于每块占 4 个单元，所以需要连续访问 4 次主存储器，这需要一个低位地址发生器，即一个 2 位计数器（见例程中的 Counter.vhd），将低 2 位地址和 CPU 给出的高 6 位地址组合起来，形成访问主存地址。*M* 可以作为主存储器的读信号，这样，在时钟的控制下，就可以将主存储器中的块写入 Cache 的相应块，最后再修改区表（见例程中的 CacheCtrl.bdf）。

五、实验步骤

（1）使用 Quartus II 软件编辑实现相应的逻辑并进行编译，直到编译通过，Cache 控制器在 EP2C5T144C8 芯片中对应的引脚分配图如图 4-34 所示，框外文字表示 I/O 号，框内文字表示该引脚的含义（本实验例程见"安装路径\FPGA\CacheCtrl\CacheCtrl.qpf"工程）。

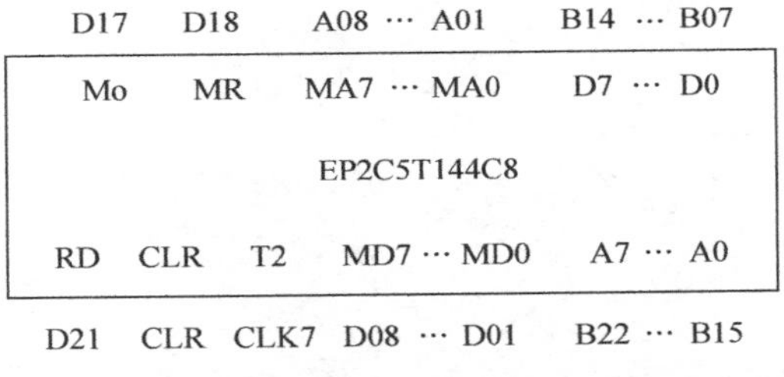

D17	D18		A08 … A01	B14 … B07
Mo	MR		MA7 … MA0	D7 … D0
			EP2C5T144C8	
RD	CLR	T2	MD7 … MD0	A7 … A0
D21	CLR	CLK7	D08 … D01	B22 … B15

图 4-34　Cache 控制器在 EP2C5T144C8 芯片中对应的引脚分配图

（2）按图 4-35 所示的实验接线图连接实验电路，连通无误后接通电源。

（3）打开 TD-CMA 实验系统电源，将下载电缆插入 FPGA 单元的 JTAG 接口，将生成的 SOF 文件下载到 FPGA 单元中，FPGA 单元介绍详见本书附录 A。

（4）将时序与操作台单元的开关 KK3 置为"运行"挡，CLR 信号由 CON 单元的 CLR 模拟给出，按下 CON 单元的 CLR 总清按钮，清空区表。

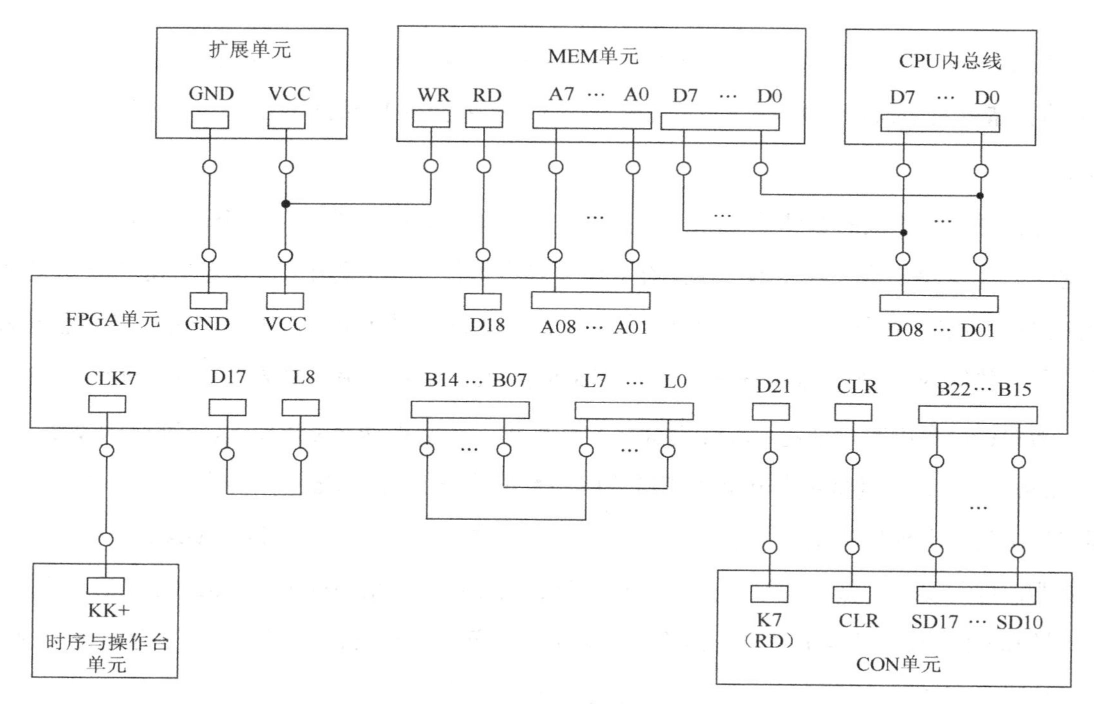

图 4-35 实验接线图

（5）预先向主存储器写入数据：联机软件提供了机器程序下载功能，以代替手动读/写主存储器，机器程序以指定的格式写入以“.txt”为后缀的文件。

```
; //*************************************** //
; //         Cache 控制器实验指令文件          //
; //*************************************** //
; //***** Start of Main Memory Data ****** //
    $P 00 11     ; 数据
    $P 01 22
    $P 02 33
    $P 03 44
    $P 04 55
    $P 05 66
    $P 06 77
    $P 07 88
    $P 08 99
    $P 09 AA
    $P 0A BB
    $P 0B CC
    $P 0C DD
    $P 0D EE
    $P 0E FF
```

```
$P 0F 00
; //****** End of Main Memory Data *******      //
```

用联机软件的“转储”→“装载”功能将该格式（*.txt）文件装载入 TD-CMA 实验系统。在装载过程中，软件输出区的“结果”栏会显示装载信息，如当前正在装载的是机器指令还是微指令，还剩多少条指令等。

（6）联机软件在启动时会读取所有机器指令和微指令，并在指令区显示，软件启动后，也可以选择菜单命令“转储”→“刷新指令区”读取下位机指令，并在指令区显示。单击指令区的“主存”TAB 按钮，显示两列数据。这两列数据为主存储器的所有数据，第一列为主存地址，第二列为该地址中的数据。检查上述文件的机器程序是否正确，如果不正确，则说明写入操作失败，应重新写入，可以通过联机软件单独修改某个单元的指令，单击需要修改的单元数据，此时该单元变为编辑框，输入 2 位数据并按回车键，编辑框消失，写入数据显示红色。

（7）CPU 访问主存地址由 CON 单元的 SD17～SD10 模拟给出，如 00000001。CPU 访问主存储器的读信号由 CON 单元的 K7 模拟给出，置 K7 为低电平，可以观察到 FPGA 单元上的 L8 指示灯亮，L0～L7 指示灯灭，表示 Cache 失效。此时按 4 次 KK 按钮，注意 CPU 内总线上指示灯的变化情况，地址会依次加 1，数据总线上显示的是当前主存储器上的数据，按 4 次 KK 按钮后，L8 指示灯灭，L0～L7 指示灯上显示的值就是 Cache 送至 CPU 的数据。

（8）重新给出主存地址，如 00000011，L8 指示灯灭，表示 Cache 命中，说明第 0 块数据已写入 Cache。

（9）记住 01H 单元的数据，然后通过联机软件，修改 01H 单元的数据，重新给出主存地址 00000001，再次观察 L0～L7 指示灯，它们显示的值是 01H 单元修改前的值，说明送至 CPU 的数据是由 Cache 给出的。

（10）重新给出大于 03H 的地址，熟悉 Cache 控制器的工作过程。

4.8 基于 RISC 技术的模型计算机设计实验

一、实验目的

（1）了解精简指令系统计算机（RISC）和复杂指令系统计算机（CISC）的体系结构的特

点和区别。前面讲述的组成原理部分的复杂模型机是基于复杂指令系统计算机设计的模型机，本书中所提到的复杂指令系统计算机可参照组成原理部分的复杂模型机来理解。

（2）掌握 RISC 处理器的指令系统特征和一般设计原则。

二、实验设备

（1）计算机一台。

（2）TD-CMA 实验系统一套。

三、预习要求

（1）阅读本实验教程及相关教材。

（2）学习 1.3 节指令系统介绍内容。

（3）熟悉 2.5 节对微程序控制器进行读/写及运行的相关操作。

（4）熟练掌握 4.2 节 Quartus II 的基本使用方法及 4.3 节 EDA 实验平台认识实验。

四、实验原理

（1）RISC 处理器的模型计算机系统设计。

RISC 处理器的时钟及节拍电位如图 4-36 所示，数据通路图如图 4-37 所示，指令周期流程图如图 4-38 所示，在数据通路中除控制器单元由 FPGA 单元来设计实现以外，其他单元均由 TD-CMA 实验系统上的单元电路实现。

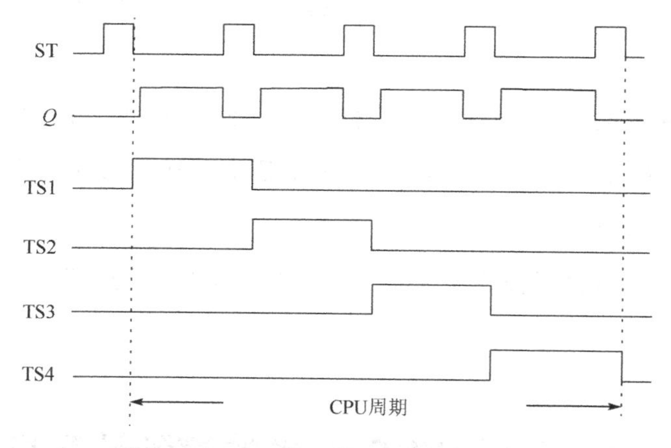

图 4-36　RISC 处理器的时钟及节拍电位

2. 控制器设计

（1）数据通路图中的控制器部分需要在 FPGA 中设计。

（2）用 VHDL 语言设计 RISC 子模块的功能描述程序，顶层模块图如图 4-39 所示。

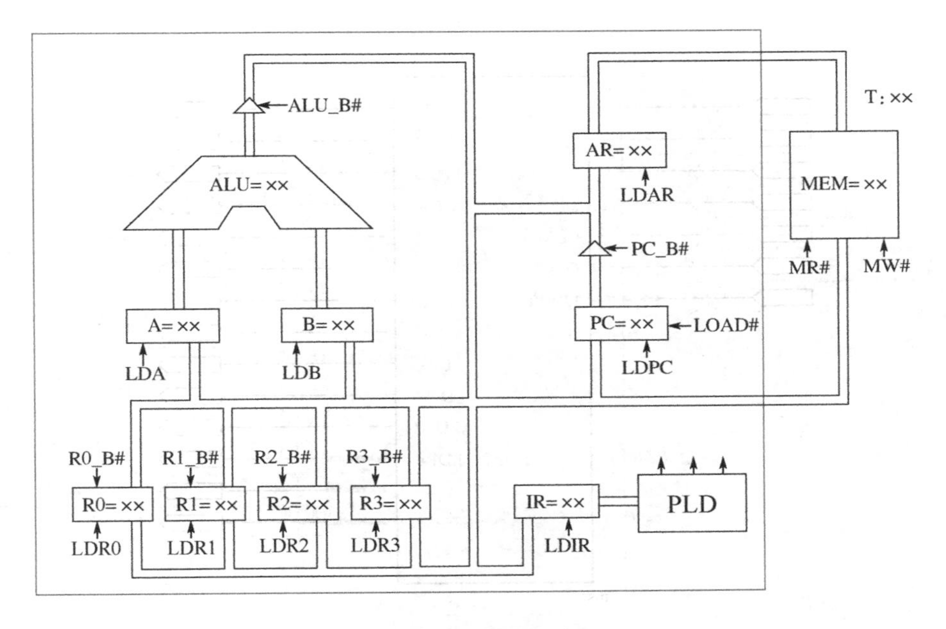

图 4-37 数据通路图

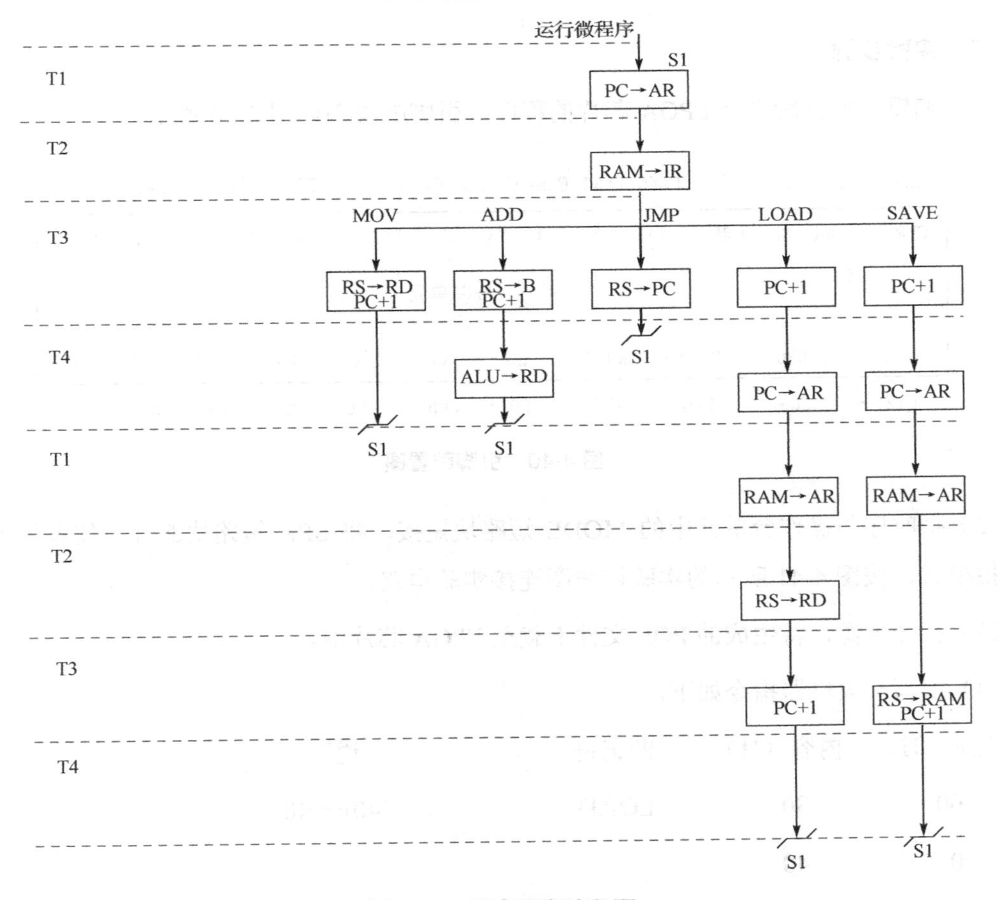

图 4-38 指令周期流程图

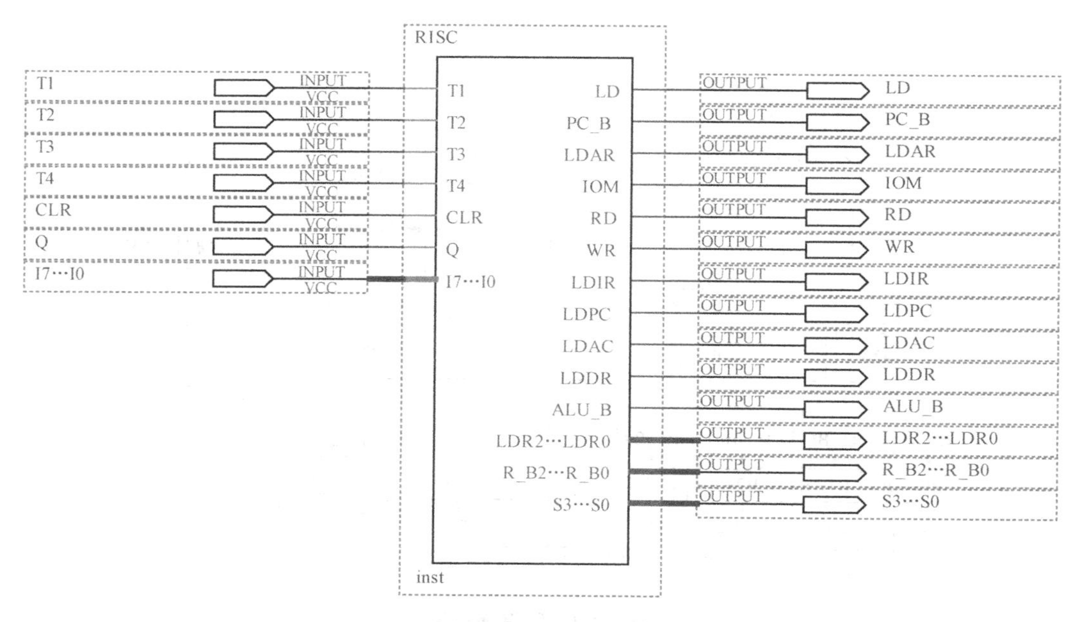

图 4-39　顶层模块图

五、实验步骤

（1）编辑、编译所设计 FPGA 芯片的程序，引脚配置图如图 4-40 所示。

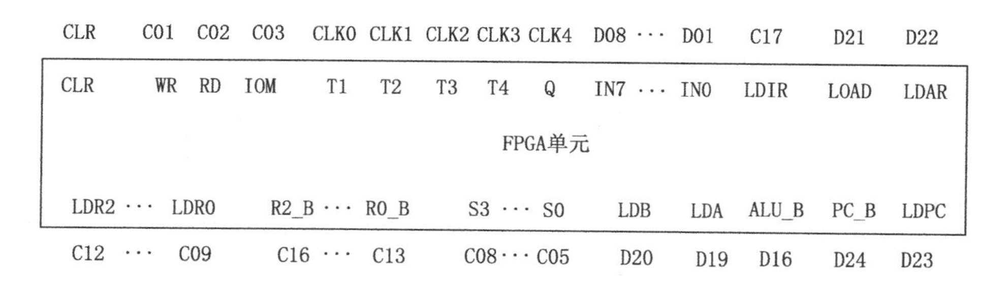

图 4-40　引脚配置图

（2）把时序与操作台单元中的 MODE 短路块短接，将 SPK 短路块断开，使系统工作在四节拍模式，按图 4-41 所示的实验接线图连接实验电路。

（3）打开电源，将生成的 POF 文件下载至 FPGA 芯片中。

（4）编写一段机器指令如下。

地址（H）	内容（H）	助记符	说明
00	30	LOAD	[40]→R0
01	40		
02	03	MOV	R0→A

03	10	ADD	R0+A→R0
04	40	STORE	R0→[0A]
05	0A		
06	30	LOAD	[41]→R0
07	41		
08	20	JMP	R0→PC
40	34		
41	00		

（5）连接上计算机，运行TD-CMA联机软件，将上述程序写入相应的地址单元中或用“转储→装载”功能将该实验对应的文件载入TD-CMA实验系统上的模型机。

（6）将时序与操作台单元的开关KK1、KK3置为“运行”挡，按动CON单元的CLR总清按钮，将使程序计数器PC、地址寄存器AR和微程序地址都置为00H，程序可以从头开始运行，暂存器A、B，以及指令寄存器IR和OUT单元也会被清零。

将时序与操作台单元的开关KK2置为“单拍”挡，每按动一次ST按钮，对照数据通路图，分析数据和控制信号是否正确。

当模型机执行完JMP指令后，检查存储器相应单元中的数是否正确，按下CON单元的CLR总清按钮，改变40H单元的值，再次执行机器程序，根据0AH单元显示的数值可以判别程序执行是否正确。

（7）联机运行程序，进入软件界面，当执行完装载机器指令后，选择“实验”→“RISC模型机”命令，打开相应的动态数据通路图，按相应功能键即可联机运行、监控、调试程序。

六、性能评测

将此RISC处理器和前面的复杂模型机实验相比较，可以看出RISC处理器具有以下优点。

（1）由于指令条数相对较少、寻址方式简单、指令格式规整，以及控制器的译码和执行硬件相对简单，适合在超大规模集成电路中实现。

（2）机器执行的速度和效率大大提高。例如，前面讲述的机器指令在RISC处理器中执行完需要9个机器周期，而在复杂模型机实验中，需要34个机器周期才能完成。

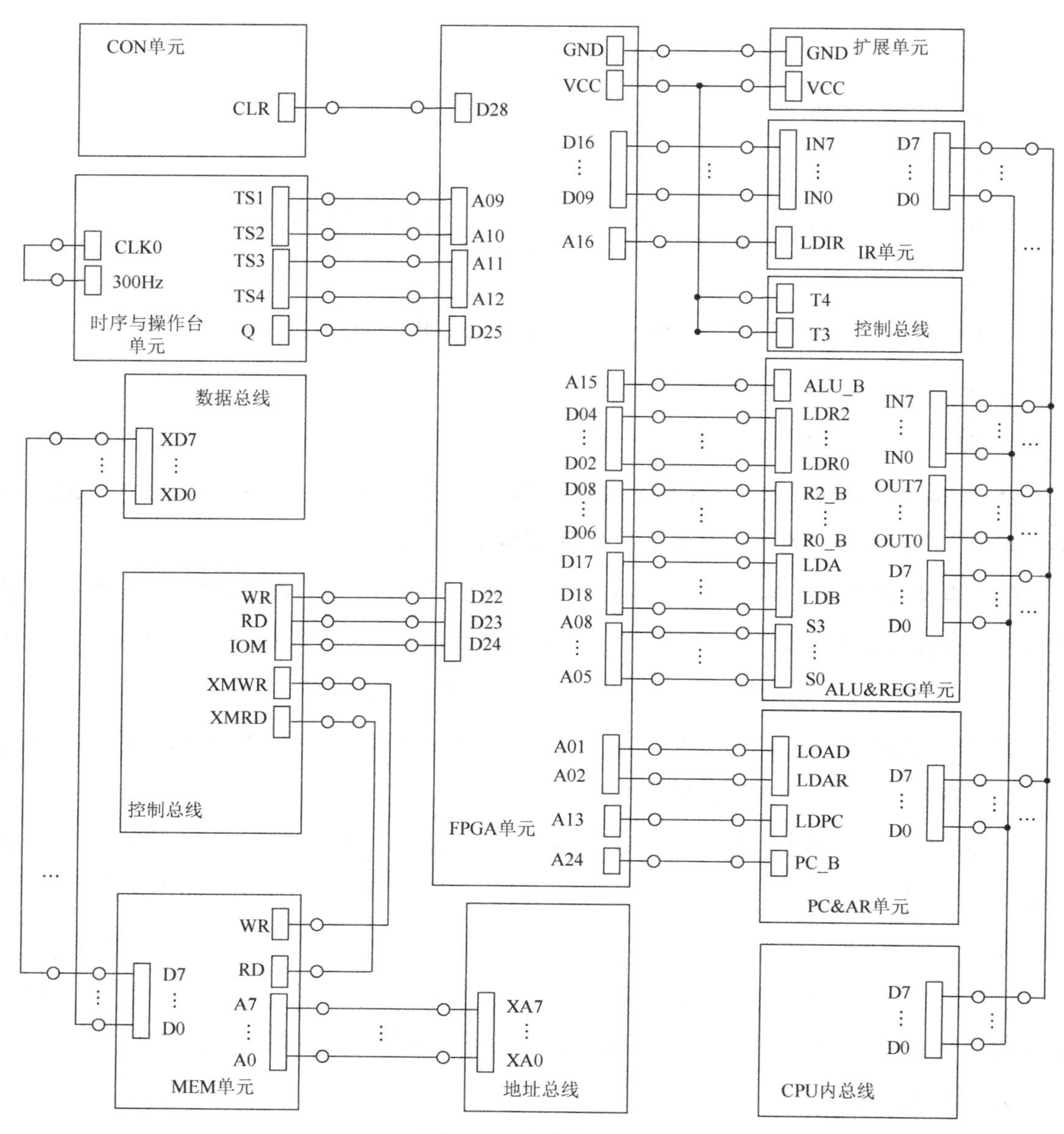
CON单元
CLR
D28
TS1
TS2
TS3
TS4
Q
CLK0
300Hz
时序与操作台单元
A09
A10
A11
A12
D25
数据总线
XD7
XD0
WR
RD
IOM
XMWR
XMRD
控制总线
D22
D23
D24
WR
RD
A7
A0
D7
D0
MEM单元
XA7
XA0
地址总线
FPGA单元
GND
VCC
D16
D09
A16
A15
D04
D02
D08
D06
D17
D18
A08
A05
A01
A02
A13
A24
GND
VCC
扩展单元
IN7
IN0
D7
D0
LDIR
IR单元
T4
T3
控制总线
ALU_B
LDR2
LDR0
R2_B
R0_B
LDA
LDB
S3
S0
IN7
IN0
OUT7
OUT0
D7
D0
ALU®单元
LOAD
LDAR
LDPC
PC_B
D7
D0
PC&AR单元
D7
D0
CPU内总线

图 4-41　实验接线图

附录 A TD-CMA 实验系统单元电路

1. 输入设备单元（IN 单元）

IN 单元使用一组 8 位开关作为输入设备，IN 单元原理图如图 A.1 所示，左图表示的是 IN 单元的整体连接原理，右图表示的是一个拨动开关的连接原理，拨动开关采用的是双刀双掷开关，一刀用来输出数据，另一刀用来在 LED 灯上显示开关状态。

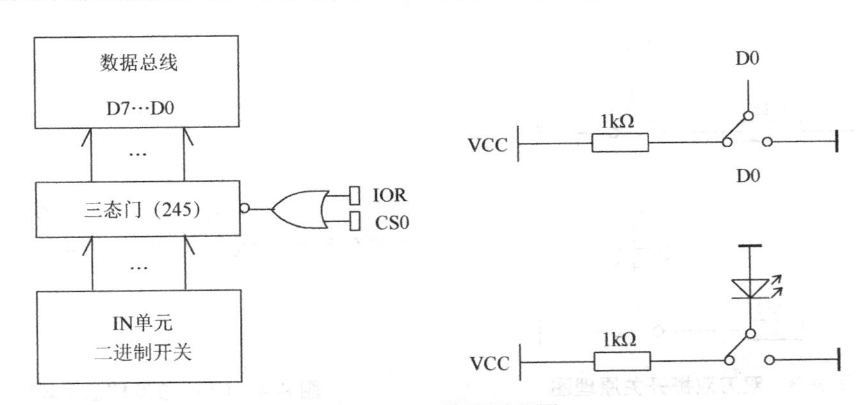

图 A.1 IN 单元原理图

2. 输出设备单元（OUT 单元）

在 OUT 单元，数据由锁存器 74LS273 进行锁存，并通过两片 GAL16V8 显示译码，形成数码管显示的驱动信号，OUT 单元原理图如图 A.2 所示。

3. 控制台开关单元（CON 单元）

CON 单元包含 1 个 CLR 总清按钮和 3 组 8 位开关，分别为 SD27～SD20、SD17～SD10 和 SD07～SD00。有部分开关有双重丝印，目的是方便接线，一个开关可能对应两个排针，根据丝印就能找到开关和排针的对应关系。开关为双刀双掷，一刀用来提供数据，另一刀用来显示开关值，如图 A.3 所示（以 SD0 为例，其他相同）。

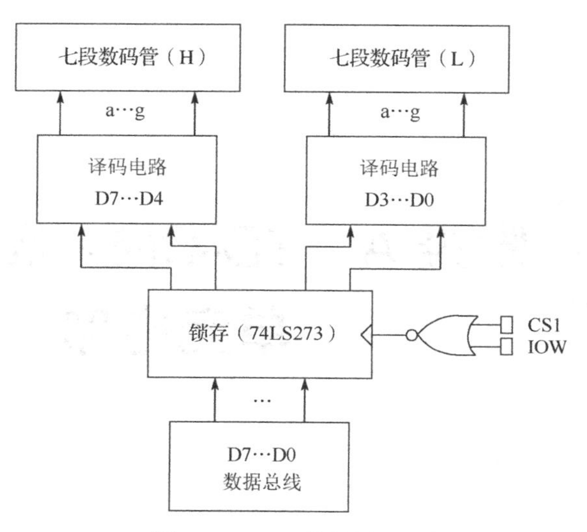

图 A.2　OUT 单元原理图

CLR 总清按钮原理图如图 A.4 所示，平时为高电平，按下后 CLR 输出变为低电平，为系统部件提供清零信号，按下 CLR 总清按钮后会清零的部件有：程序计数器、地址寄存器、暂存器 A、暂存器 B、指令寄存器和微地址寄存器。

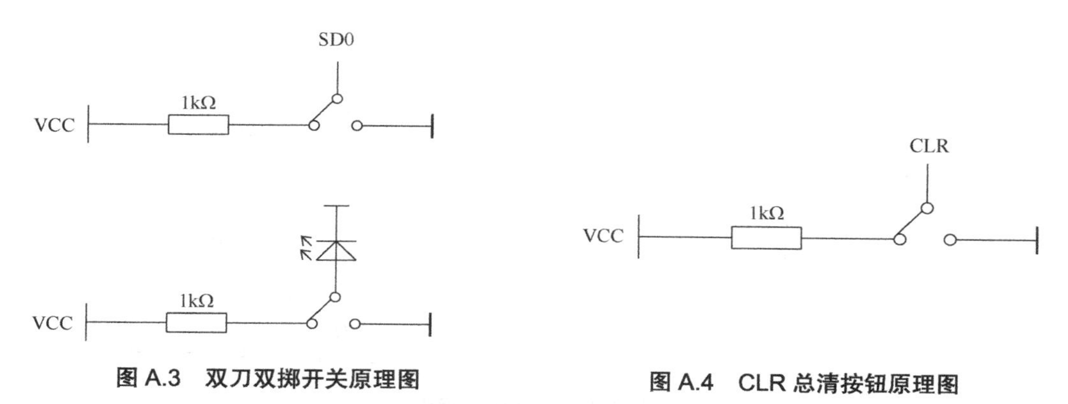

图 A.3　双刀双掷开关原理图

图 A.4　CLR 总清按钮原理图

4. 扩展单元

扩展单元由 8 个 LED 灯、电源（+5V）、接地排针，以及三排 8 线排针组成。8 线排针相应位已连通，主要是为了电路转接而设计的。LED 灯显示原理图如图 A.5 所示（以 E0 为例，其他相同）。

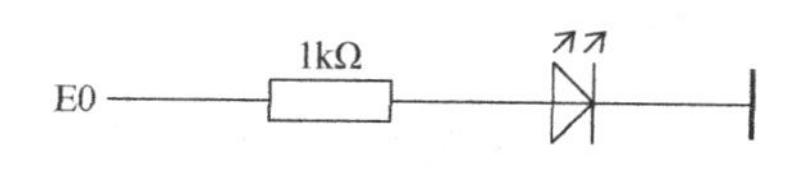

图 A.5　LED 灯显示原理图

5. CPU 内总线

CPU 内总线由五排 8 线排针组成，它们之间的相应位是相互连通的。CPU 内总线是 CPU 内部数据的集散地，每个部件的输入数据都来自 CPU 内总线单元，输出的数据也要通过 CPU 内总线到达目的地。

6. 控制总线

控制总线包含 CPU 对存储器和 I/O 进行读/写时的读/写译码电路（这一电路在 GAL16V8 中实现，见图 A.6）、CPU 中断使能寄存器（见图 A.7）、外部中断请求指示灯 INTR 和 CPU 中断使能指示灯 EI。

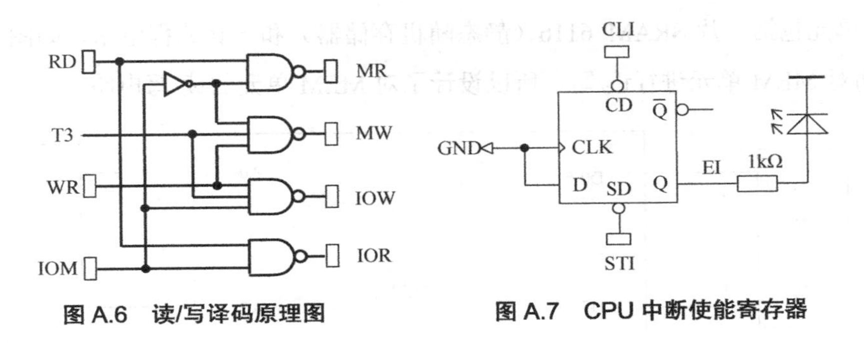

图 A.6 读/写译码原理图　　图 A.7 CPU 中断使能寄存器

7. 数据总线

数据总线是 CPU 与主存储器及外部设备之间进行数据交换的通道，此单元包含五排 8 线排针和 LED 灯，排针的相应位已和 CPU 内总线连通。

8. 地址总线

地址总线单元由两排 8 线排针，I/O 地址译码芯片 74LS139 和 LED 灯组成。两排 8 线排针已连通，为了选择 I/O，产生 I/O 片选信号，还需要进行 I/O 地址译码，I/O 地址译码原理图如图 A.8 所示。

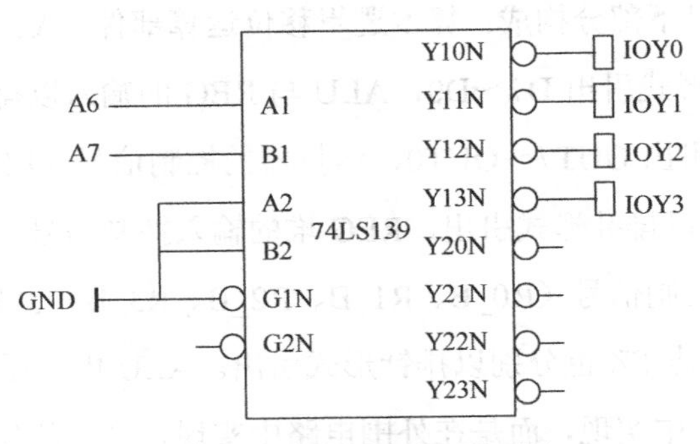

图 A.8 I/O 地址译码原理图

由于是使用地址总线单元的高两位进行译码的，I/O 地址空间被分为四个区，如表 A.1 所示。地址指示显示原理与图 A.7 中 EI 的显示原理相同。

表 A.1　I/O 地址空间分配

A7A6	选　定	地 址 空 间
00	IOY0	00～3F
01	IOY1	40～7F
10	IOY2	80～BF
11	IOY3	C0～FF

9. 存储器单元（MEM 单元）

MEM 单元包括一片 SRAM 6116（静态随机存储器）和一套编程电路，如图 A.9 所示。因为要手动对 MEM 单元进行读/写，所以设计了对 MEM 单元的读/写电路。

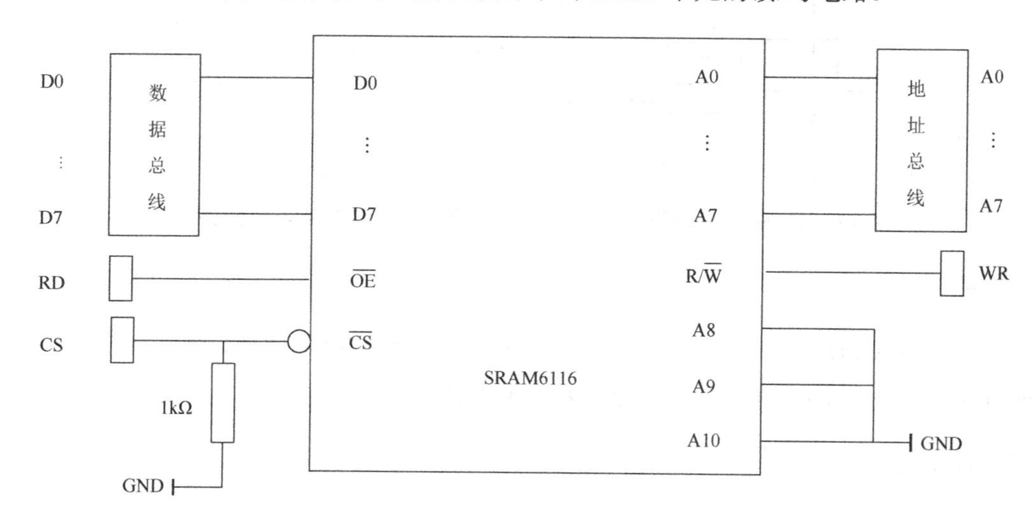

图 A.9　存储器原理图

10. ALU® 单元

ALU® 单元由以下部分构成：算术逻辑移位运算部件，A、B 显示灯，4 个通用寄存器。ALU 的输出以排针形式引出 D7～D0，ALU 与 REG 的输入以排针形式引出 IN7～IN0，REG 的输出以排针形式引出 OUT7～OUT0，运算器的控制信号（LDA、LDB、S0、S1、S2、S3、ALU_B、CN）分别以排针形式引出，REG 堆的输入控制信号（LDR0、LDR1、LDR2、LDR3）、REG 堆的输出控制信号（R0_B、R1_B、R2_B、R3_B）也分别以排针形式引出，此外，进位标志 FC 和零标志 FZ 也分别以排针形式引出。ALU 内部原理图如图 A.10 所示，但图中有三部分不在 FPGA 中实现，而是在外围电路中实现，这三部分为图中的“显示 A”“显示 B”“三态控制（245）”。实验箱上的马蹄形标记（⊔）表示这两根排针之间是连通的。图

A.10 中除 T4 和 CLR 以外，其余信号均来自 ALU 单元的排线座，实验箱中所有部件单元的 T1、T2、T3、T4 都已连接至系统总线单元的 T1、T2、T3、T4，CLR 都连接至 CON 单元的 CLR 总清按钮。

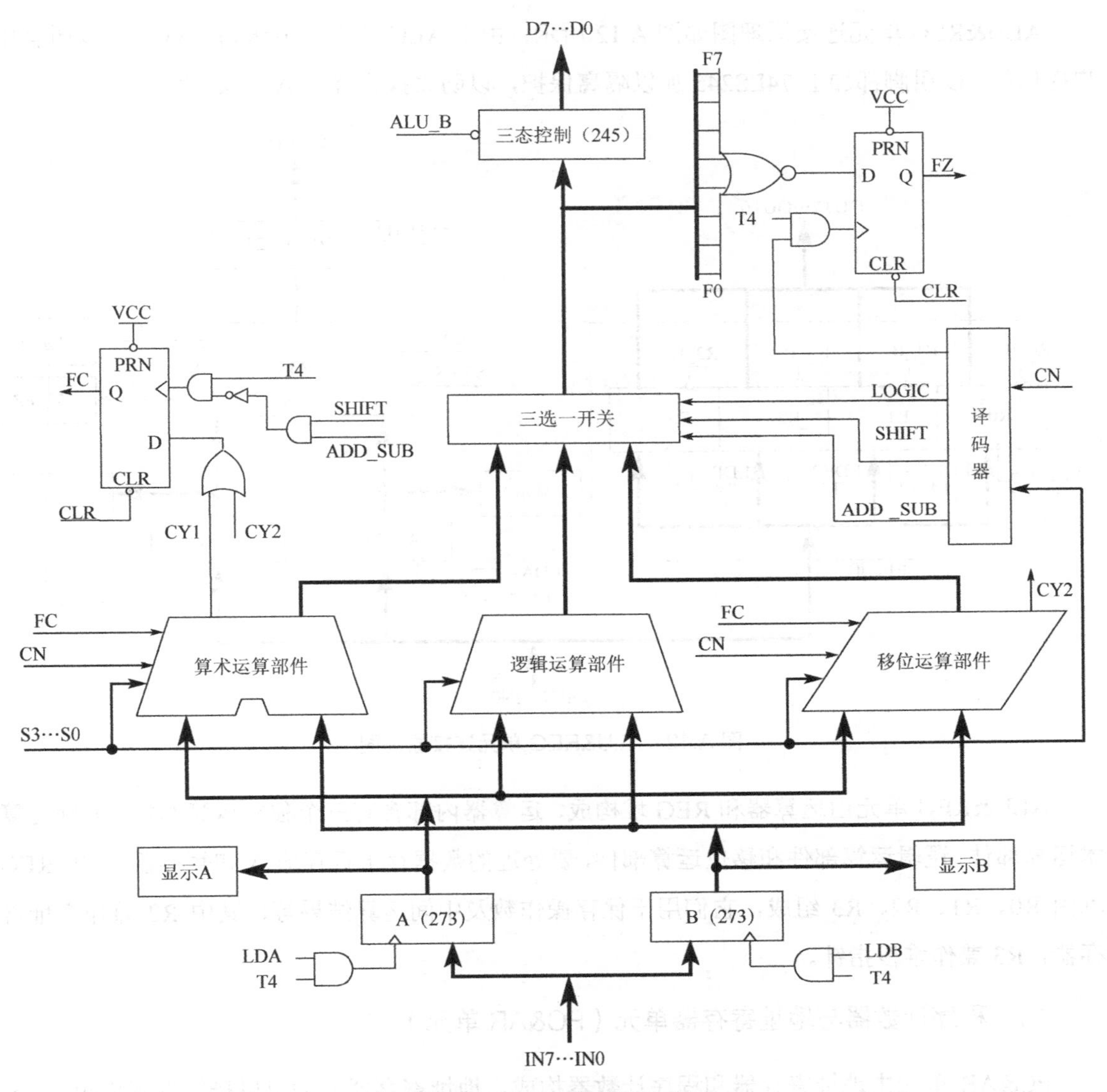

图 A.10　ALU 内部原理图

暂存器 A 和暂存器 B 中的数据能在 LED 灯上实时显示，本实验箱上所有的 LED 灯均为正逻辑，即“1”时亮，“0”时灭，A0 显示原理图如图 A.11 所示（以 A0 为例，其他相同）。本单元中的进位标志 FC 和零标志 FZ 的显示原理也是如此。

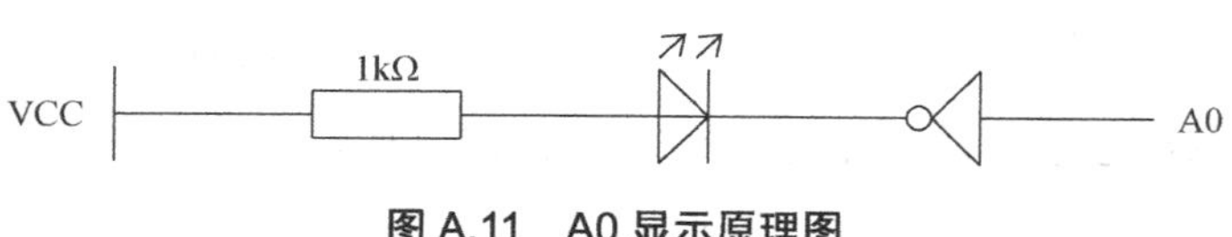

图 A.11　A0 显示原理图

ALU® 单元连接原理图如图 A.12 所示，由于 ALU 的工作电压为 3.3V，所以所有用户操作的 I/O 引脚都加上 74LS245 加以隔离保护，以防误操作烧坏 ALU 芯片。

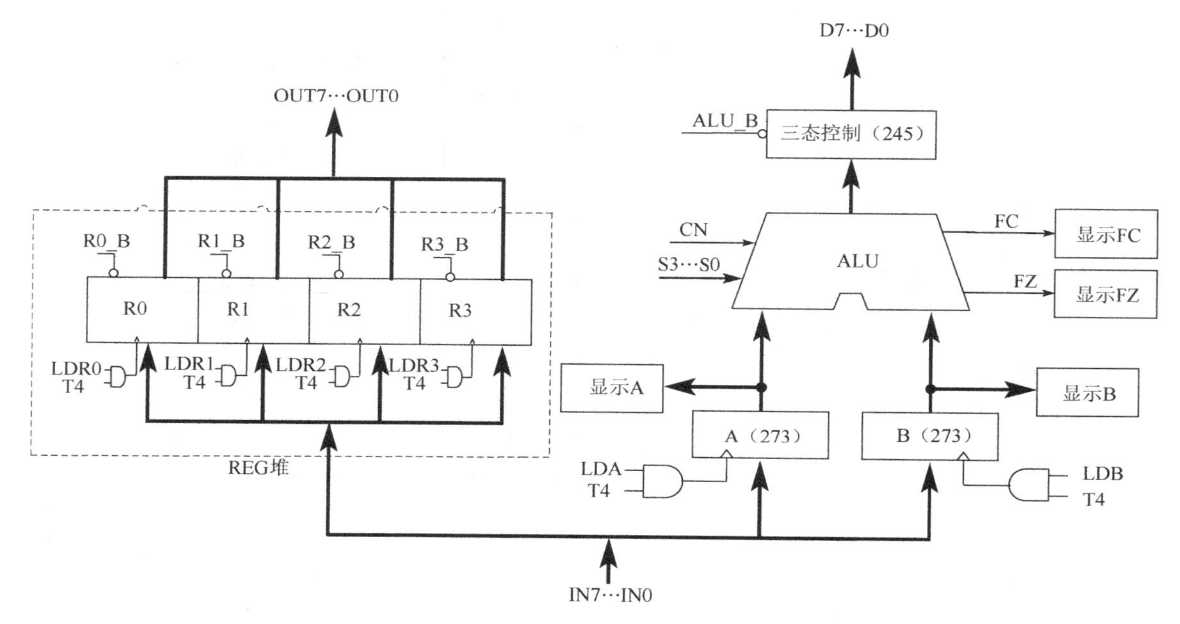

图 A.12　ALU® 单元连接原理图

ALU® 单元由运算器和 REG 堆构成，运算器内部含有三个独立运算部件，分别为算术运算部件、逻辑运算部件和移位运算部件，要处理的数据存于暂存器 A 和暂存器 B 中。REG 堆由 R0、R1、R2、R3 组成，它们用于保存操作数及中间运算结果等，其中 R2 兼作变址寄存器，R3 兼作堆栈指针。

11. 程序计数器与地址寄存器单元（PC&AR 单元）

PC&AR 单元由地址寄存器和程序计数器构成。地址寄存器的输出以排针形式引出 A7～A0，PC&AR 单元原理图如图 A.13 所示。

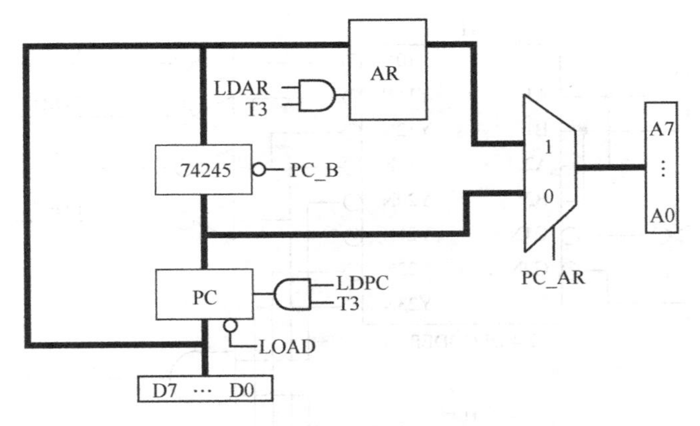

图 A.13 PC&AR 单元原理图

12. 指令寄存器单元（IR 单元）

IR 单元包括三大部分：指令寄存器、指令译码电路 INS_DEC 和寄存器译码电路 REG_DEC，其中指令寄存器的输入和输出都以排针形式引出，构成模型机时实现程序的跳转控制和对通用寄存器的选择控制。IR 单元原理图如图 A.14 所示，其中 REG_DEC 由一片 GAL16V8 实现，寄存译码原理图如图 A.15 所示；INS_DEC 由一片 GAL20V8 实现，指令译码原理图如图 A.16 所示。

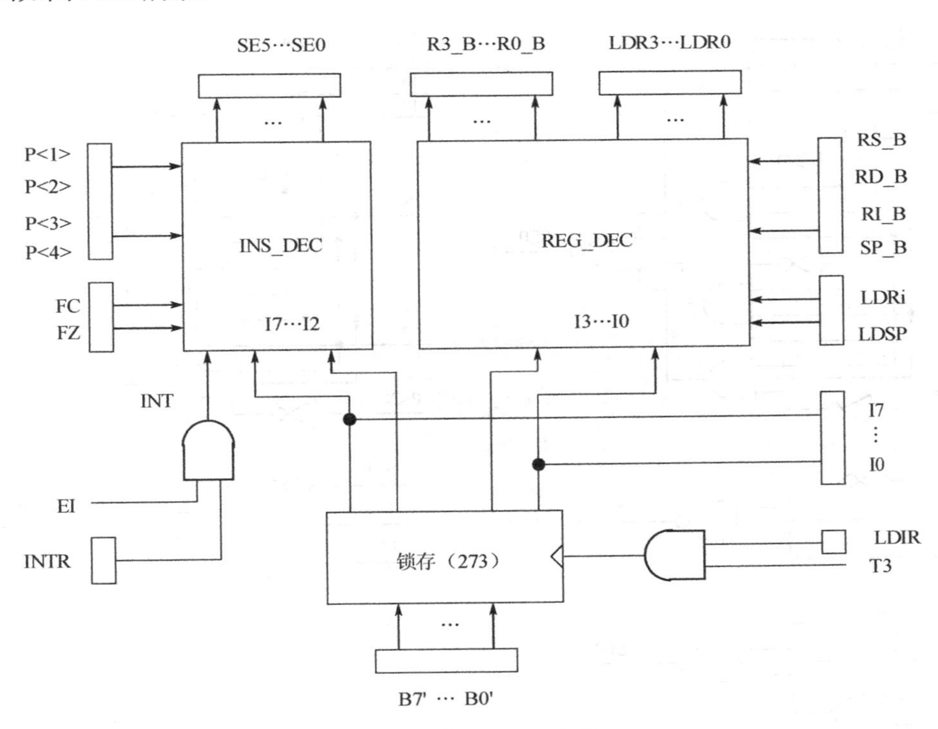

图 A.14 IR 单元原理图

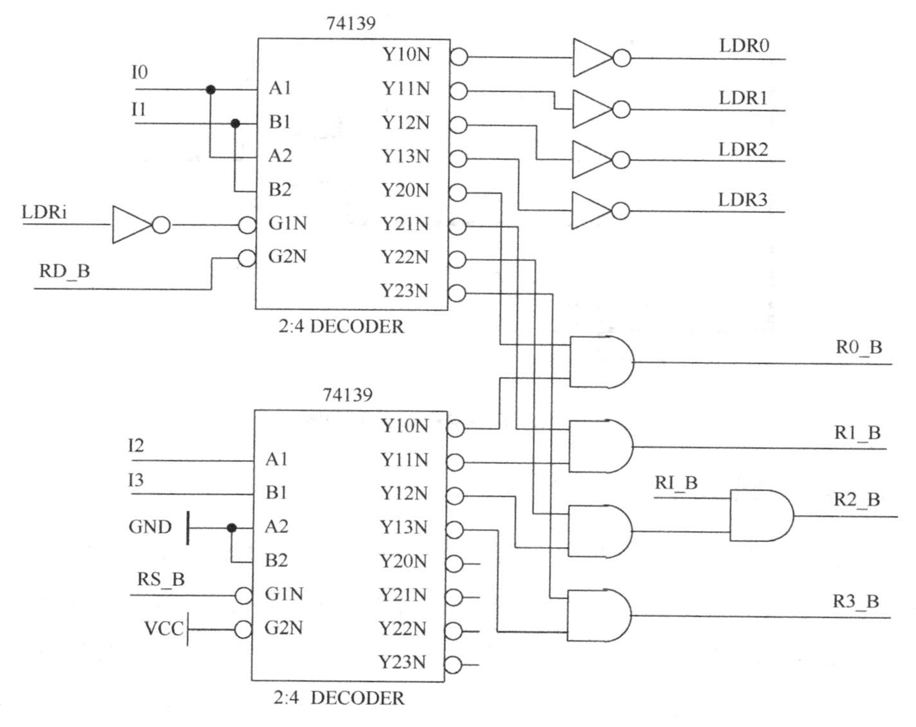

图 A.15 寄存译码原理图

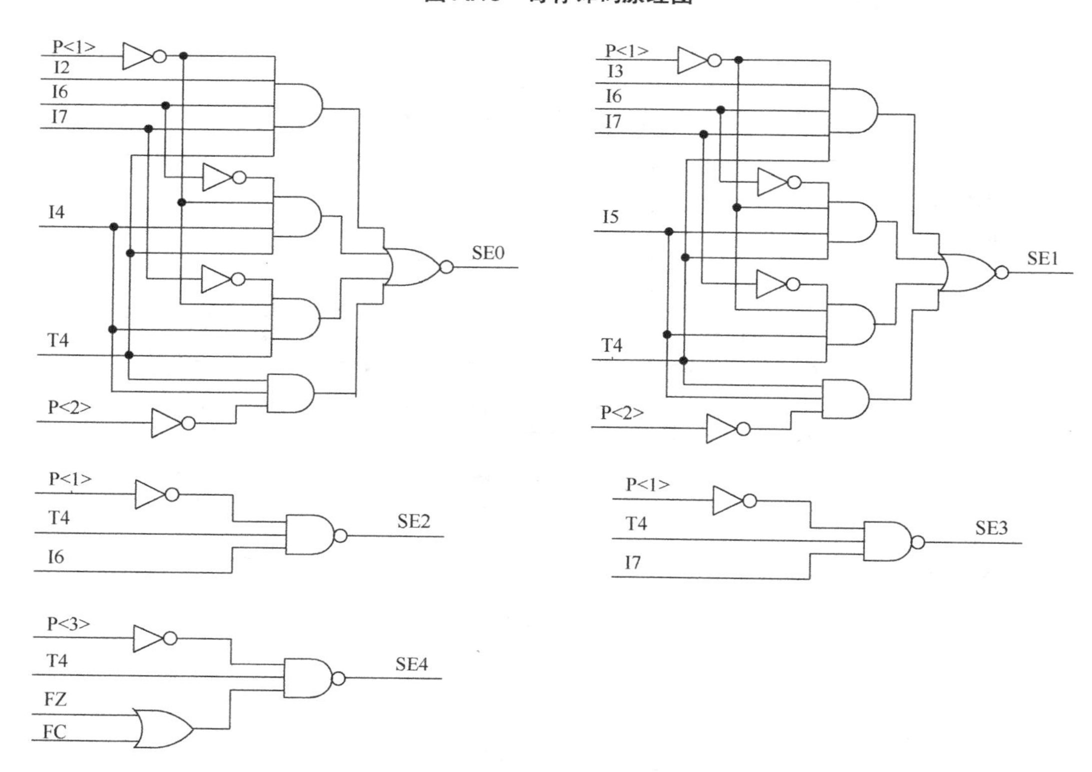

图 A.16 指令译码原理图

13. 微程序控制器单元（MC 单元）

MC 单元主要由编程部分和核心微程序控制器两部分组成（包括微程序存储器、微命令寄存器、微地址寄存器和微命令译码器等），微程序控制器原理图如图 A.17 所示。

编程部分通过编程开关的相应状态选择及由 T2 引入的节拍脉冲来实现将预先定义好的微代码程序写入 2816 控制存储器，并可以对控制存储器中的程序进行校验。TD-CMA 实验系统具有本地直接编程和校验功能，且由于选用 2816 的 EEPROM 芯片作为控制存储器，所以具备掉电保护功能。

核心微程序控制器主要接收机器指令译码器送来的代码，使控制转向相应机器指令对应的首条微代码程序，对该条机器指令的功能进行解释或执行的工作。具体而言，就是通过接收 CPU 指令译码器发来的信号，找到本条机器指令对应的首条微代码的微地址入口，再通过由 T2 引入的时序节拍脉冲的控制，逐条读出微代码。实验板上的 MC 单元中的 24 位显示灯（M23～M0）显示的状态就是读出的微指令。然后，其中几位再经过译码，一起产生实验板所需的控制信号，将它们加到数据通路中相应的控制位上，可对该条机器指令的功能进行解释和执行。指令解释到最后，再接收下一条机器指令代码并使控制转向相应机器指令对应的首条微代码程序，这样周而复始，即可实现机器指令程序的运行。

核心微程序控制器同样是根据 24 位显示灯所显示的相应控制位，再经部分译码产生的二进制信号来实现机器指令程序的顺序、分支、循环运行的，所以，有效地定义 24 位微代码对系统的设计至关重要。

通过编程开关的不同状态，可进行微代码的编程、校验和运行。在图 A.17 中：

- 微地址显示灯显示的是后续微地址，而 24 位显示灯显示的是后续微地址的二进制控制位。
- T2 为微地址锁存器（74LS74）的时钟信号。
- 2816 的片选信号（$\overline{\text{CS}}$）在手动状态下一直为“0”，而在和计算机联机的状态下，受 89S51 控制。

CLR 为清零信号的引出端，实验板中已将其接至 CON 单元中最右边的 CLR 总清按钮上，此二进制按钮为 CLR 专用。SE5～SE0 端挂接到 CPU 的指令译码器的输出端上，通过译码器确定相应机器指令的微代码入口，也可手动模拟 CPU 的指令译码器的输出，达到同一目的。

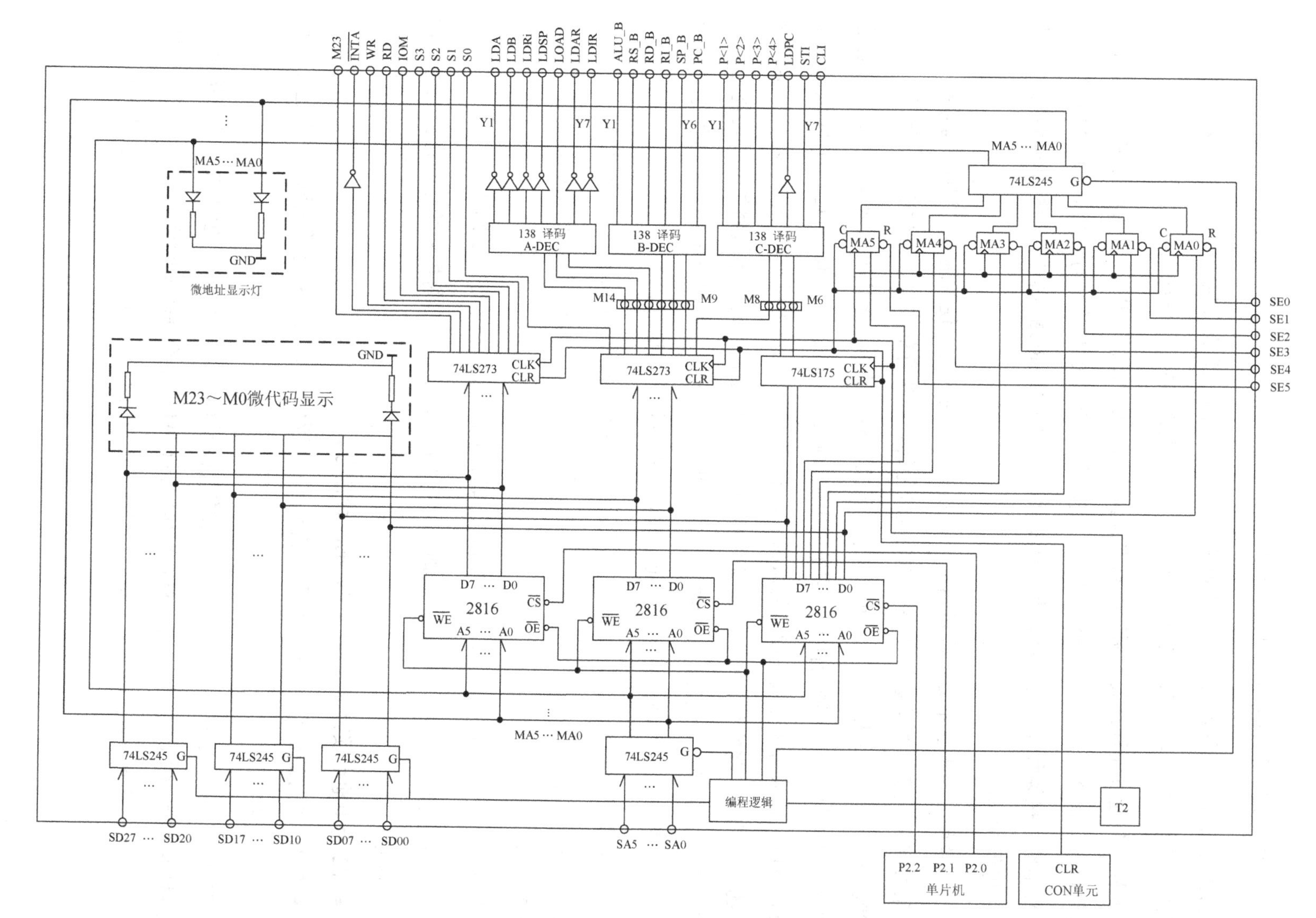

图 A.17 微程序控制器原理图

14. 时序与操作台单元

时序与操作台单元可以提供单脉冲或连续的时钟信号：KK 和 Φ。图 A.18 中的 Q 为 555 构成的多谐振荡器的输出端。经分频器分频后输出频率分别为 30Hz、300Hz，占空比为 50% 的 Φ 信号。

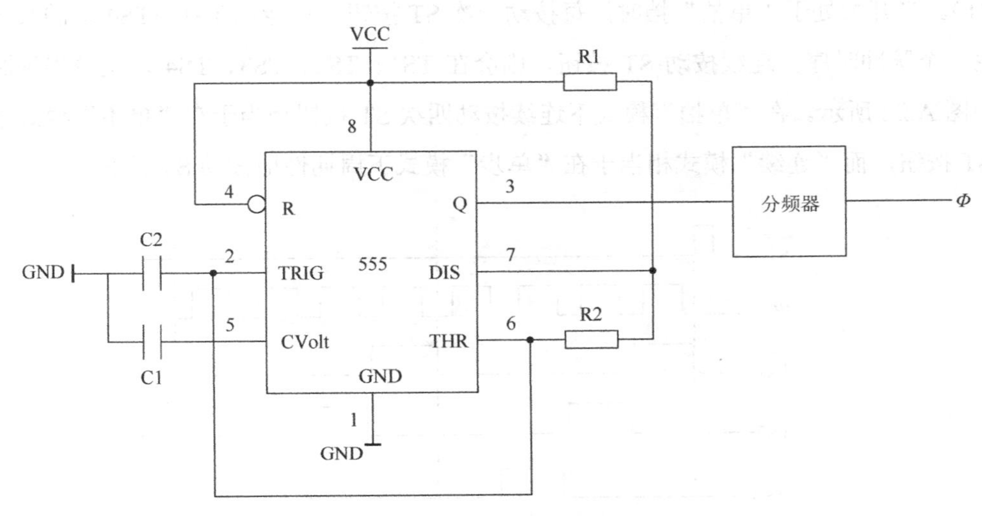

图 A.18 555 多谐振荡器原理图

当时序与操作台单元的“MODE”短路块短路时，系统工作在四节拍模式；当“MODE”短路块断开时，系统工作在两节拍模式。

当时序与操作台单元的“SPK”短路块短路时，系统具有总线竞争报警功能；当“SPK”短路块断开时，系统无总线竞争报警功能。

每按动一次 KK 按钮，KK+端和 KK−端将分别输出一个上升沿和下降沿单脉冲。KK 单脉冲电路原理图如图 A.19 所示。

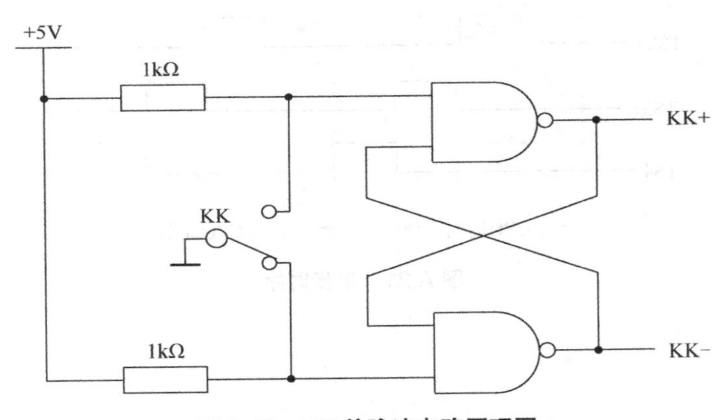

图 A.19 KK 单脉冲电路原理图

按动 ST 按钮时，选择不同的时序开关挡位，在 TS1～TS4 端输出的波形会有所不同。当时序开关处于“连续”挡时，按动一次 ST 按钮，TS1～TS4 端会周期性地输出如图 A.20 所示的连续时序。当开关处于“单步”挡时，按动一次 ST 按钮，TS1～TS4 端输出一个完整的 CPU 周期的波形后停止输出波形，直到再次按动 ST 按钮产生下一个完整的 CPU 周期的波形（见图 A.21）。当开关处于“单拍”挡时，每按动一次 ST 按钮，只能在 TS1～TS4 端的某一个端口产生一个脉冲时序；连续按动 ST 按钮，则会在 TS1、TS2、TS3、TS4 端交替出现脉冲时序，如图 A.22 所示。在“单拍”模式下连续按动四次 ST 按钮相当于在“单步”模式下按动一次 ST 按钮，而“连续”模式相当于在“单步”模式下周期性地按动 ST 按钮。

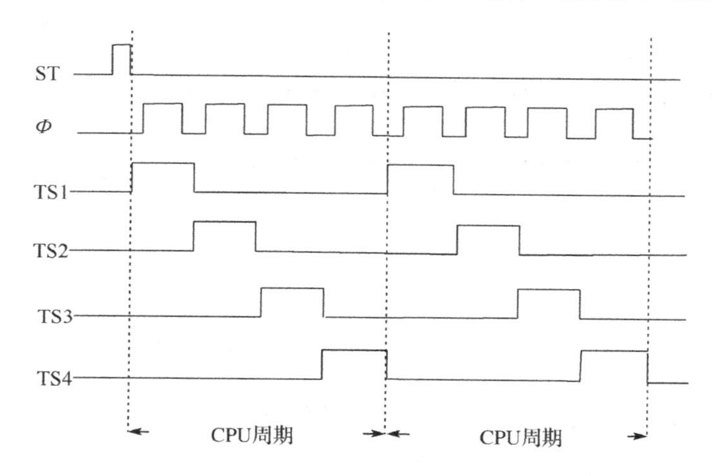

图 A.20 连续时序

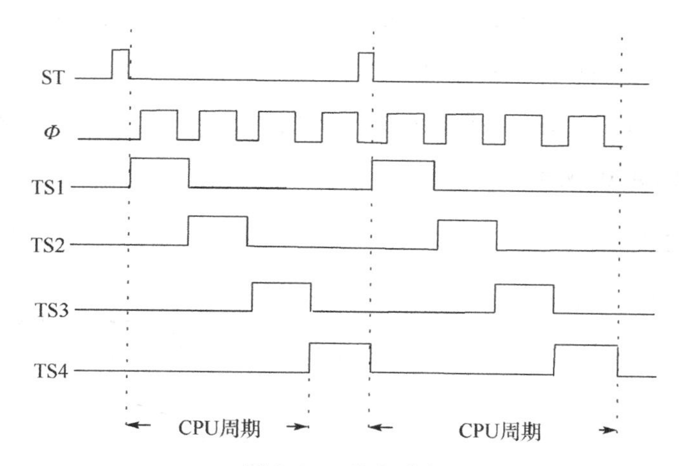

图 A.21 单步时序

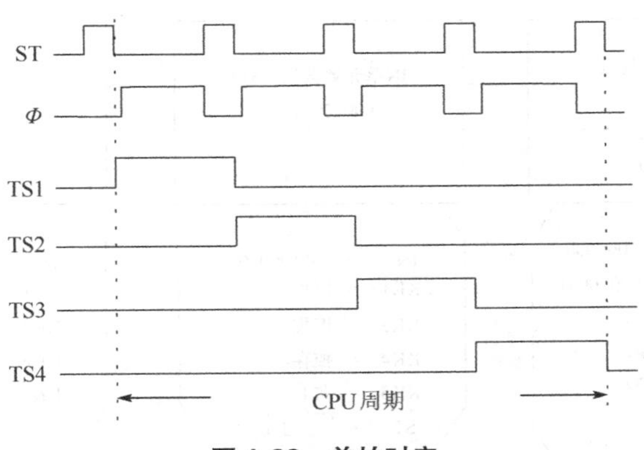

图 A.22　单拍时序

当 TS1、TS2、TS3、TS4 输出连续波形时，有 5 种方法可以停止输出：将时序状态开关 KK1 拨至“停止”挡、将 KK2 拨至“单拍”或“单步”挡、按动 CON 单元的 CLR 总清按钮或 SYS 单元的复位按钮。CON 单元的 CLR 总清按钮和 SYS 单元的复位按钮的区别：CLR 总清按钮用于完成对各实验单元的清零，复位按钮用于完成对系统及时序发生器的复位。

在实验平台中设有一组编程控制开关 KK1、KK2、KK3、KK4、KK5（位于时序与操作台单元），可实现对存储器（包括程序存储器和控制存储器）的三种操作：编程、校验、运行。考虑到对存储器（包括程序存储器和控制存储器）的操作大多集中在一个地址连续的存储空间中，实验平台提供了便利的手动操作方式。例如，向 00H 单元写入 332211 的对控制存储器进行编辑的具体操作步骤如下：首先将 KK1 拨至“停止”挡、KK3 拨至“编程”挡、KK4 拨至“控存”挡、KK5 拨至“置数”挡，由 CON 单元的 SD05～SD00 开关给出需要编辑的控存单元首地址（000000），由 IN 单元开关给出该控存单元数据的低 8 位（00010001），连续按动两次时序与操作台单元的 ST 按钮（第一次按动后 MC 单元低 8 位显示该单元以前存储的数据，第二次按动后 MC 单元低 8 位显示当前改动后的数据），此时 MC 单元的指示灯 MA5～MA0 显示当前地址（000000），M7～M0 显示当前数据（00010001）；然后将 KK5 拨至“加 1”挡，IN 单元开关给出该控存单元数据的中 8 位（00100010），连续按动两次 ST 按钮，完成对该控存单元中 8 位数据的修改，此时 MC 单元的指示灯 MA5～MA0 显示当前地址（000000），M15～M8 显示当前数据（00100010）；再由 IN 单元开关给出该控存单元数据的高 8 位（00110011），连续按动两次 ST 按钮，完成对该控存单元高 8 位数据的修改，此时 MC 单元的指示灯 MA5～MA0 显示当前地址（000000），M23～M16 显示当前数据（00110011）。此时被编辑的控存单元地址会自动加 1（01H），由 IN 单元开关依次给出该控存单元数据的低 8 位、中 8 位和高 8 位，配合 ST 按钮的两次按动，即可完成对后续单元的编辑。控制存储器编辑流程图如图 A.23 所示。

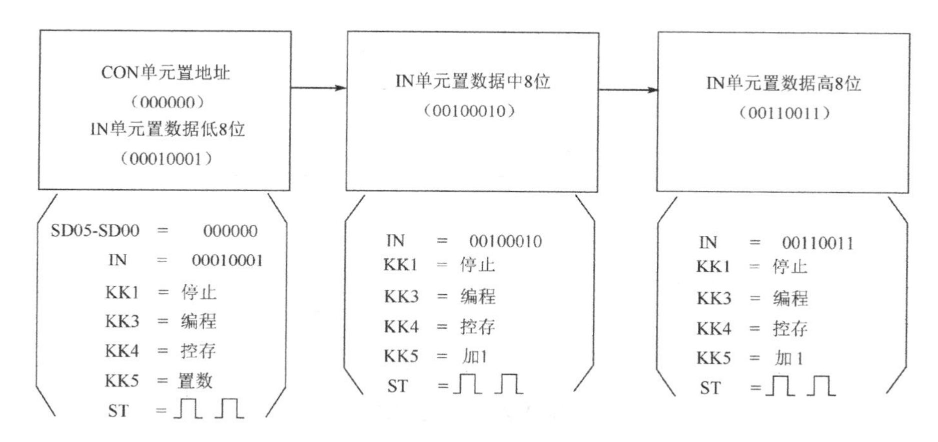

图 A.23 控制存储器编辑流程图

编辑完成后需进行校验，以确保编辑的正确性。以校验 00H 单元为例，对控制存储器进行校验的具体操作步骤如下：首先将 KK1 拨至“停止”挡、KK3 拨至“校验”挡、KK4 拨至“控存”挡、KK5 拨至“置数”挡，由 CON 单元的 SD05～SD00 开关给出需要校验的控存单元地址（000000），连续按动两次 ST 按钮，MC 单元指示灯 M7～M0 显示该单元低 8 位数据（00010001）；将 KK5 拨至“加 1”挡，再连续按动两次 ST 按钮，MC 单元指示灯 M15～M8 显示该单元中 8 位数据（00100010）；再连续按动两次 ST 按钮，MC 单元指示灯 M23～M16 显示该单元高 8 位数据（00110011）；再连续按动两次 ST 按钮，地址加 1，MC 单元指示灯 M7～M0 显示 01H 单元低 8 位数据。如果校验的微指令出错，则返回输入操作，修改该单元的数据后再进行校验，直至确认输入的微代码全部准确无误。控制存储器校验流程图如图 A.24 所示。

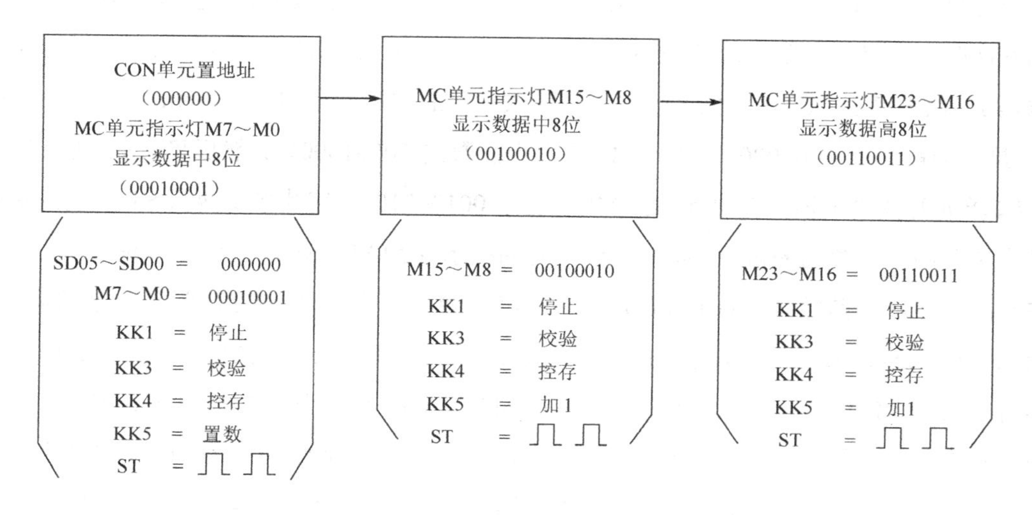

图 A.24 控制存储器校验流程图

同样的，操作控制开关 KK1、KK2、KK3、KK4、KK5（KK4 拨至“主存”挡），可实现对存储器的操作，手动操作存储器时，将 PC&AR 单元的 D0～D7 用排线接到 CPU 内总线的 D0～D7 上，这样可以在地址总线的指示灯上看到操作的地址。

15. 8253 单元

8253 单元由一片 8253 芯片构成，数据线、地址线、信号线均以排线引出，8253 的三个通道均开放出来，其中 GATE0 接高电平，如图 A.25 所示。

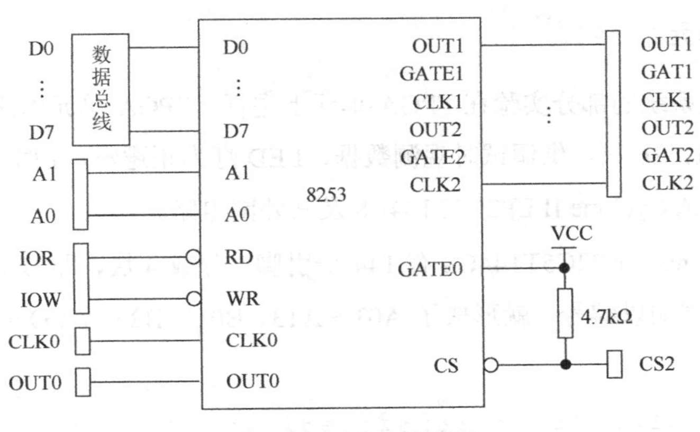

图 A.25 8253 连接图

16. 8259 单元

8259 单元由一片 8259 芯片构成，数据线、地址线、信号线均以排线引出，8259 连接图如图 A.26 所示。

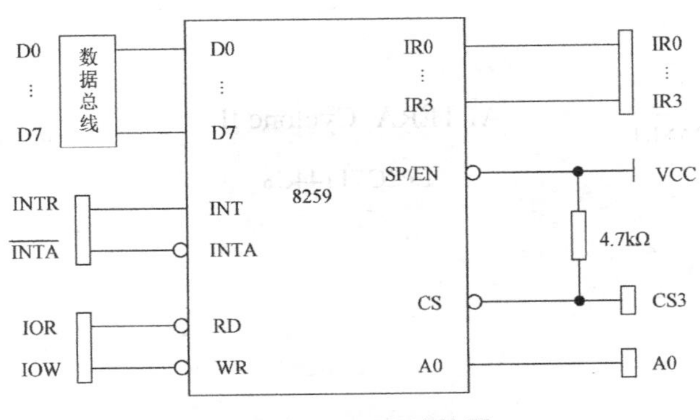

图 A.26 8259 连接图

17. 8237 单元

8237 单元由一片 8237 芯片构成，数据线、地址线、信号线均以排线引出，8237 连接图如图 A.27 所示。

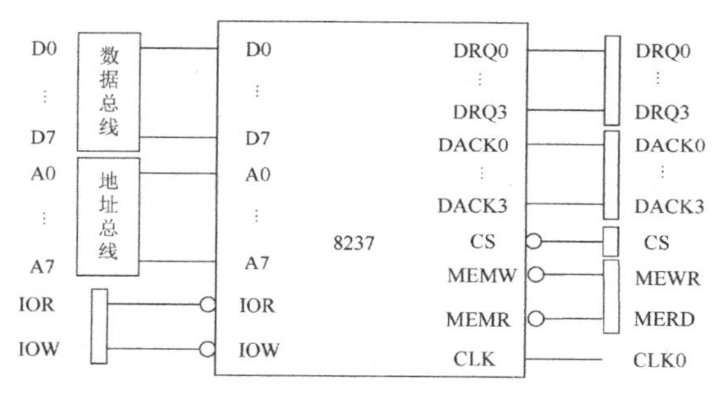

图 A.27　8237 连接图

18. FPGA 单元

TD-CMA 实验系统的部分实验在 FPGA 单元上进行，FPGA 单元由两大部分组成：一部分是 LED 灯，两组，16 只，供调试时观测数据，LED 灯为正逻辑，1 时亮，0 时灭；另外一部分是一片 ALTERA Cyclone II EP2C5T144C8 及其外围电路。

ALTERA Cyclone II EP2C5T144C8 有 144 个引脚，分成 4 块，即 BANK1～BANK4，将每块的通用 I/O 引脚加以编号，就形成了 A01～A13、B01～B22 等 I/O 号，如图 A.28 所示。

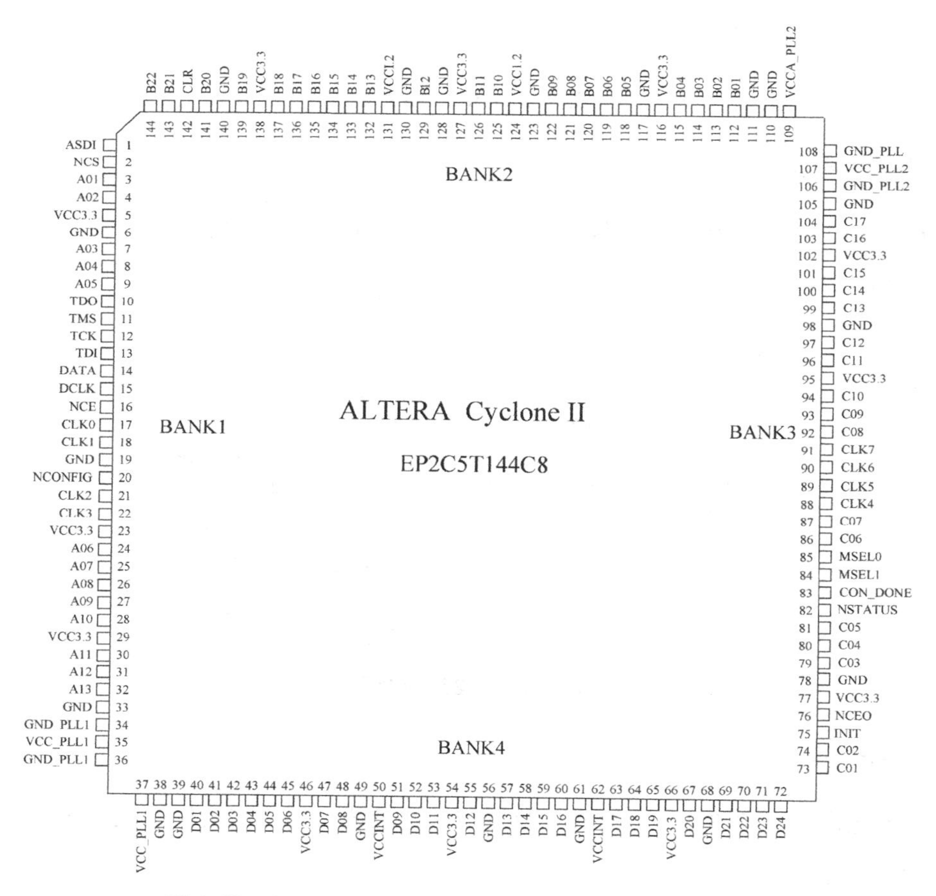

图 A.28　ALTERA Cyclone II EP2C5T144C8 引脚分配图

FPGA 单元排针的丝印分为两部分：一部分是 I/O 号，以 A、B、C、D 开头，如 A13；另一部分是芯片引脚号，是纯数字，如 32，它们表示的是同一个引脚。在 Quartus II 软件中分配 I/O 资源时用的是引脚号，而在实验接线图中，都以 I/O 号来进行描述。ALTERA Cyclone II EP2C5T144C8 共有 76 个 I/O 引脚，8 个时钟引脚，本单元全部引出，供实验使用。

19. 逻辑测量单元

逻辑测量单元包含四路逻辑示波器 CH3～CH0，四路逻辑示波器的电路一样，图 A.29 为 CH0 采样电路。通过四路探笔可以测得被测点的逻辑波形，并在软件界面中显示出来。

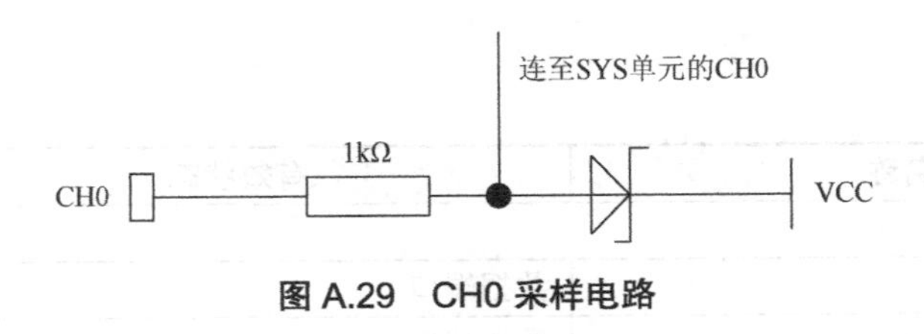

图 A.29　CH0 采样电路

20. 系统单元（SYS 单元）

SYS 单元是为了和计算机联机而设计的，其原理是将单片机的串口和计算机的串口相连，计算机以命令形式和单片机进行交互，当单片机接收到某命令后，会产生相应的时序，实现指定操作。SYS 单元还安排了一个检测电路，当总线上的数据发生竞争时，蜂鸣器会发出“嘀”警报声。SYS 单元还有一个重要职能：当按下 ST 按钮时会对单片机的 INT1 产生一个中断请求，此时单片机根据时序单元状态开关的挡位，产生相应的时序。逻辑示波器启动后，单片机会定期采样 CH3～CH0（图 A.29 中的“连至 SYS 单元的 CH0”线就是单片机的采样通道），并将采样所得数据通过串口发送到计算机，计算机再根据收到的数据，在屏幕上绘制波形。

21．注意事项

（1）TD-CMA 实验系统在使用前后均应仔细检查主机板，防止导线、元件等物品落入装置，导致线路短路、元件损坏。

（2）电源线应放置在机内专用线盒中。

（3）注意系统的日常维护，经常清理灰尘和杂物。

（4）电源关闭后，不能立即重新开启，电源关闭与重新开启之间至少应有 30s 间隔。

附录B　常用模块引脚名称及有效表

引脚名称	有效状态	方向
ALU 单元		
IN7～IN0	数据端口	输入
D7～D0	数据端口	输出
ALU_B	低电平	输入
LDA	高电平+T4 脉冲	输入
LDB	高电平+T4 脉冲	输入
CN	组合状态（不同电平不同含义）	输入
S3～S0	组合状态	输入
FC、FZ	高电平	输出
REG 单元		
IN7～IN0	数据端口	输入
OUT7～OUT0	数据端口	输出
R0_B、R1_B、R2_B、R3_B	低电平	输入
LDR0、LDR1、LDR2、LDR3	高电平+T4 脉冲	输入
PC 单元		
D7～D0	数据端口	双向
LOAD	低电平	输入
LDPC	高电平+T3 脉冲	输入
PC_B	低电平	输入
PC_AR	低电平	输入
AR 单元		
D7～D0	数据端口	输入
A7～A0	地址端口	输出
LOAD	高电平	输入
LDAR	高电平+T3 脉冲	输入
PC_AR	高电平	输入
IR 单元		
D7～D0	数据端口	输入

续表

引脚名称	有效状态	方向
LDIR	高电平+T3 脉冲	输入
INS7～INS0	组合状态	输入
P1、P2、P3、P4	高电平	输入
FC、FZ	高电平	输入
SE5～SE0	组合状态	输出
LDRi	高电平	输入
LDSP	高电平	输入
RS_B、RD_B、RI_B、SP_B	高电平	输入
LDR3～LDR0	高电平	输出
R3_B～R0_B	高电平	输出
MC 单元		
SE5～SE0	组合状态	输入
CLI	高电平	输出
STI	高电平	输出
LDPC	低电平	输出
P<1>、P<2>、P<3>、P<4>	高电平	输出
PC_B	高电平	输出
RS_B、RD_B、RI_B、SP_B	高电平	输出
ALU_B	高电平	输出
LDIR	低电平	输出
LDAR	低电平	输出
LOAD	高电平	输出
LDSP	低电平	输出
LDRi	低电平	输出
LDA	低电平	输出
LDB	低电平	输出
S3～S0	组合状态	输出
INTA	低电平	输出
WR、RD、IOM	组合状态	输出
M23	保留	输出
IN 单元		
D7～D0	数据端口	输出
IN_B	低电平	输入
RD	低电平	输入
OUT 单元		
D7～D0	数据端口	输入
LED_B	低电平	输入
WR	上升沿（低电平→高电平）	输入
MEM 单元		
D7～D0	数据端口	双向

续表

引脚名称	有效状态	方　向
A7～A0	地址端口	输入
RD	低电平	输入
WR	低电平	输入
CS	低电平	输入
8253 单元		
D7～D0	数据端口	双向
A1、A0	地址端口	输入
CLK0	高电平	输入
OUT0	高电平	输出
CS	低电平	输出
RD	低电平	输入
WR	低电平	输入
CLK1	高电平	输入
GATE1	高电平	输入
OUT1	高电平	输出
CLK2	高电平	输入
GATE2	高电平	输入
OUT2	高电平	输出
8259 单元		
D7～D0	数据端口	双向
CS	低电平	输出
RD	低电平	输入
WR	低电平	输入
A0	高电平	输入
IR3～IR0	高电平	输入
INTA	低电平	输入
INTR	高电平	输出
8237 单元		
D7～D0	数据端口	双向
A7～A0	地址端口	双向
CS	低电平	输入
IOR、IOW	低电平	输出
MEMW、MEMR	低电平	输出
HREQ	高电平	输出
HACK	高电平	输入
DACK3～DACK0	高电平	输出
DRQ3～DRQ0	高电平	输入

附录 C 微程序 P 判别条件说明

表 C.1 指令（含操作码）格式示意

I7	I6	I5	I4	I3	I2	I1	I0
最高位	第 7 位	第 6 位	第 5 位	第 4 位	第 3 位	第 2 位	最低位

表 C.2 P<1>散转下址生成规则

类型	SE5	SE4	SE3	SE2	SE1	SE0
I7I6≠11	MA5	MA4	I7	I6	I5	I4
I7I6=11	MA5	MA4	1	1	I3	I2

注：MA5~MA0 为当前微指令中的地址字段内容；SE5~SE0 为下一条实际执行的微指令的地址。

表 C.3 P<2>散转下址生成规则

SE5	SE4	SE3	SE2	SE1	SE0
MA5	MA4	MA3	MA2	I5	I4

P<3>条件逻辑表达式：$\mathrm{SE4}=\overline{\overline{P_3}\cdot(\mathrm{FZ}+\mathrm{FC})}$

表 C.4 P<3>散转下址生成规则

SE5	SE4	SE3	SE2	SE1	SE0
MA5	FC（OR）FZ	MA3	MA2	MA1	MA0

P<4>条件逻辑表达式：$\mathrm{SE5}=\overline{\overline{P_4}\cdot\mathrm{INRT}\cdot\mathrm{EI}}$

表 C.5 P<4>散转下址生成规则

SE5	SE4	SE3	SE2	SE1	SE0
INTR（AND）EI	MA4	MA3	MA2	MA1	MA0

附录D　实验报告参考格式

大学　　　　　学院

实验报告

实验名称 ____________________

姓　　名 ____________________

学　　号 ____________________

班　　级 ____________________

教　　师 ____________________

年　　月　　日

一、实验内容与要求

1.1 实验目的

结合实验涉及的具体功能模块，理解其相关概念和基本特性，掌握模块的接口、控制原理和操作方法。

1.2 实验任务和要求

要求写明实验设计的任务及分工、具体的实验要求、实验预期的结果或效果等。

1.3 实验设备和环境

计算机一台，TD-CMA 实验系统一套。

二、原理及方案设计

2.1 实验原理

给出实验所涉及的各个功能模块的示意图、接口描述、功能表和控制说明等内容。

根据实验任务要求，给出实验整体设计方案，说明整个实验的设计思路，通过框图说明各个功能模块之间的逻辑控制关系。

2.2 电路连接

根据整体的实验方案设计，在实验平台上将各个功能模块进行连接，实现硬件电路模块的设计。用文字或表格说明物理连线关系，如有必要需画出电路图，标出各引脚对应的连线和译码地址。

2.3 软件设计

若实验涉及软件或固件设计，则应涵盖软件功能说明、软件流程图等内容，内容应尽可能详细。

三、实验过程及结果

3.1 实验步骤

按照实际的实验实施过程说明实验操作步骤。若涉及软件设计，还应该包括程序联调过程。

3.2 程序清单

程序清单应涵盖源代码、机器码、代码注释等内容，并尽可能详细。

3.3 实验结果

实验结果应涵盖体现实验效果的设备或软件运行图片、结果记录表格等内容。

四、实验总结

4.1 实验心得与体会

实验过程中遇到的问题及解决方法，以及问题体现的原理或规则。总结通过实验学到的知识、心得体会和收获等。

4.2 展望

说明实验中仍然存在的问题，给出后续可以继续提升和改进实验的初步方案和思路。

参考文献

[1] 白中英，戴志涛. 计算机组成原理[M]. 5 版. 北京：科学出版社，2013.

[2] 龙忠琪，龙胜春. 数字集成电路教程[M]. 北京：科学出版社，2007.

[3] 田祎，樊景博，刘爱军. 计算机组成原理实验[M]. 天津：天津大学出版社，2014.

[4] 罗杰. Verilog HDL 与 FPGA 数字系统设计[M]. 北京：机械工业出版社，2015.

[5] 周润景，苏良碧. 基于 Quartus Ⅱ的 FPGA/CPLD 数字系统设计实例[M]. 北京：电子工业出版社，2013.